Michaela Göbel

# Taube Hunde

W0368878

Michaela Göbel

# Taube Hunde

## Umgang – Erziehung – Ausbildung

Oertel+Spörer

**Bildnachweis**
Titelbild und alle Innenteilbilder: Dr. Gabriele Lehari

**Haftungsausschluss**
Die Hinweise in diesem Buch wurden von der Autorin sorgfältig recherchiert und geprüft. Es können jedoch keinerlei Garantien übernommen werden. Eine Haftung der Autorin, des Verlags und seiner Beauftragten für Personen-, Sach- und Vermögensschäden ist ausgeschlossen. Sämtliche Teile des Werks sind urheberrechtlich geschützt. Jede Verwertung außerhalb der engen Grenzen des Urheberrechtsgesetzes ist ohne die schriftliche Zustimmung des Verlags und der Autorin unzulässig und strafbar. Dies gilt insbesondere für Vervielfältigungen, Übersetzungen, Mikroverfilmungen und die Einspeicherung und Verarbeitung in elektronischen Systemen.

**Bibliografische Information der Deutschen Nationalbibliothek**
Die Deutsche Nationalbibliothek verzeichnet diese Publikation in der Deutschen Nationalbibliografie; detaillierte bibliografische Daten sind im Internet über http://dnb.d-nb.de abrufbar.

**© Oertel+Spörer Verlags-GmbH + Co. KG · 2013**
Postfach 16 42 · 72706 Reutlingen
Alle Rechte vorbehalten
Schrift: Meta 9/11 pt
Lektorat: Dr. Gabriele Lehari
DTP und Repro: raff digital gmbh, Riederich
Druck und Bindung: Oertel+Spörer Druck und Medien-GmbH+Co., Riederich
Printed in Germany
ISBN 978-3-88627-848-0

# Inhalt

# Vorwort

Die Liebe zu Tieren begann in meiner frühesten Kindheit. Mit vier Jahren bekam ich meinen ersten Kater, mit acht Jahren durfte ich mit dem Reiten beginnen und als ich elf war, zog der erste Hund bei uns ein, eine damals vierjährige Schäferhündin namens Asta. Sie war ein ausgedienter Wachhund einer Gärtnerei, da sie nicht wirklich bewachte, sondern jeden schwanzwedelnd begrüßte.
Als ich 15 Jahre alt war, fing ich an ehrenamtlich in einem Tierheim zu helfen. Daher blieb es nicht aus, dass diverse Kleintiere, Katzenbabys und auch Hunde zu Hause als Pflegetiere aufgepäppelt wurden – nicht immer zur Freude meines Vaters!
Und so hatte ich im Laufe der Jahre verschiedene Hunde, die aber immer mehr so „nebenher" als ganz normale Familienhunde ohne allzu große Ansprüche bei uns lebten.
Das sollte sich mit Hasco ändern! Er war anders als seine Vorgänger, ein Herdenschutzhund halt. Er war „schwerhörig", unkooperativ, unaufmerksam, stur und jagte, was ihm vor die Nase kam. So hilflos wie mit diesem Hund hatte ich mich vorher wirklich noch nie gefühlt! So begann ich viel zu lesen und mich intensiver mit der Materie Hund zu beschäftigen, suchte Rat in einer Hundeschule und nach wirklich vielen Rückschritten und nur ganz kleinen Erfolgen haben wir uns dann doch noch zu einem guten Alltagsteam zusammengerauft. Wir legten sogar die Begleithundprüfung ab und Hasco war es auch, der mich zum Agility brachte.
Später zog noch Emmy, eine kleine Jack-Russell-Hündin aus dem Tierheim, bei mir ein.

*Merlin – der erste taube Hund der Autorin, der so viel in ihrem Leben verändert hat.*

Sie war mein kleiner Schatz, denn ich hatte schon lange für Russells geschwärmt! Wir legten zusammen die Begleithundprüfung ab und waren sehr erfolgreich im Agility und auch bei mehreren Deutschen Meisterschaften dabei.
Ende 1999 fing ich hauptberuflich als Hundepflegerin im Tierheim an zu arbeiten. Die Zeit verbrachte ich vor allem mit den sogenannten „Kampfhunden", die mich sehr viel gelehrt haben in positiver Hinsicht!

In dieser Zeit, unser Hasco war schon gestorben, suchte eine Kollegin Rat bei mir wegen eines Ihrer Pflegehunde. Er war ein unaufhörlicher „Kläffer", war nicht müde zu kriegen, verfolgte Autos, Jogger und Radfahrer, attackierte den Staubsauger und wenn sie den Raum ohne ihn verlassen wollte, versuchte er, irgendwo in sie reinzubeißen und bellte und heulte wie ein Irrer.

Ich fand diesen Hund einfach nur schrecklich! Dazu kam, dass er von Geburt an taub war, und ich dachte damals so bei mir: „Den braucht man nicht geschenkt."
Es war Merlin, ein Aussie-Mischling, acht Monate alt und taub.
Wir fingen zusammen an, an den „Problemen" zu arbeiten, und ich erkannte recht schnell, dass ich ein falsches Bild von ihm hatte.
Er war im Grunde nicht schrecklich, er hatte nur absolut keine Ahnung, was richtig oder falsch war und wie er sich verhalten soll. Er schrie seine Unzufriedenheit förmlich raus. Dazu kam, dass er sich aus Langeweile Ersatzbeschäftigungen wie zum Beispiel das Verfolgen von Autos gesucht hatte.

So befasste ich mich mehr und mehr mit dem Thema „tauber Hund" und es schlich sich recht schnell ein, dass Merlin mehr Zeit bei Emmy und mir verbrachte als bei seinem Pflegefrauchen. Emmy war zwar nicht ganz so begeistert, denn sie genoss es doch sichtlich, mich mal ganz für sich allein zu haben. Im Laufe der Zeit mit vielen Überlegungen und Überredungen seitens meiner Bekannten entschloss ich mich dann aber doch, Merlin ganz zu übernehmen. Es faszinierte mich – und tut es noch heute – dieses stille Kommunizieren, nur mit Mimik und Gestik zu arbeiten, ihm mit liebevoller Konsequenz klarzumachen, was ich von ihm will, und ihm das Gefühl zu geben, dass er alles richtig macht.
Es war nicht immer ein einfacher Weg, es war eine große Herausforderung, ich durfte wahnsinnig viel von ihm lernen und ich will diese Zeit nicht missen. Es hat meine Erfahrung definitiv erweitert.

Merlin lebt heute zusammen mit mir, meinem Mann, unserem kleinen Sohn, drei weiteren Hunden – davon ist einer auch von Geburt an taub – und zwei Katzen in einem idyllischen kleinen Dorf in der Nähe von Bad Urach.

**Es war eine ganz bewusste Entscheidung, wieder einen tauben Hund zu übernehmen!**

Die Idee, selbst ein Buch über taube Hunde zu schreiben, bekam ich, als ich selbst Lektüre suchte, um mit meinem tauben Hund Merlin „richtig“ zu kommunizieren. Es gab damals fast keine Literatur über die Erziehung und das Zusammenleben mit tauben Hunden, das mir bei den Problemen mit diesem Hund wirklich hätte weiterhelfen können.

Es kamen im Laufe der Zeit immer mal wieder so Sprüche wie: „Der Arme kann ja nie ohne Leine laufen“, „Ich würde mir das nicht zutrauen“, „Wie kann man sich so was freiwillig antun“ oder „Du hast ja Erfahrung damit“.

Nein, hatte ich auch nicht, aber ich habe mir viele Gedanken darüber gemacht, wie ich Merlin wortlos klarmachen könnte, was ich von ihm wollte, damit er verstehen würde, was richtig und was falsch ist.

*Die Autorin mit ihrer tauben Hündin Cloud.*

Außerdem wurde ich immer mal wieder gefragt, wie ich dieses oder jenes Kommando aufgebaut hätte, und dabei wurde mir immer klarer, dass es gar nicht so viel Unterschied macht, ob der Hund nun taub ist oder hört.

Natürlich hatten wir auch unheimlich viele Rückschritte und ab und zu schlich sich der Gedanke schon ein, dass ich mich mit der Erziehung eines tauben Hundes – noch dazu mit diversen anderen eingeschlichenen Problemen – etwas übernommen hatte.

Allerdings ist es nicht so schwer, einen tauben Hund zu einem souveränen Alltagsbegleiter zu erziehen, wie man sich das vielleicht vorstellt. Man muss sich nur im Klaren darüber sein, dass für den tauben Hund die Welt so in Ordnung ist, wie sie ist – nämlich still! Er kennt es nicht anders.

Er braucht kein Mitleid, sondern liebevolle, konsequente Erziehung und bewusstes, vorausschauendes Handeln meinerseits. Ich durfte feststellen, dass taube Hunde durchaus einige Vorteile haben wie zum Beispiel: Der Hund schläft, es klingelt an der Tür – und der Hund schläft weiter.

Vorausschauend bedeutet, dass ich mich umsichtig und weitsichtig meinen Hunden gegenüber verhalte und rücksichtsvoll in der Umwelt bewege. Ich beobachte

## ZU DIESEM BUCH

*In diesem Buch werden vor allem die Grundlagen für den Umgang mit einem tauben Hund und die wichtigsten Erziehungsübungen, die für den Alltag erforderlich sind, detailliert beschrieben. Sicherlich gibt es noch zahlreiche andere Dinge, die man einem Hund beibringen kann, die nicht im Einzelnen aufgeführt sind. Aber alles basiert auf den Übungen, die hier beschrieben werden, man muss sie nur richtig anwenden. Was den Hundesport betrifft, verhält es sich ebenso. Ich habe nur beispielhaft einige Aufgaben aus den verschiedenen Disziplinen beschrieben und erklärt, wie man sie mit einem tauben Hund antrainiert. Allgemeine Themen zu Haltung, Ernährung, Gesundheit und Pflege werden hier nicht abgehandelt, da es hier keinen Unterschied zwischen tauben und hörenden Hunden gibt.*
*Mit diesen Kenntnissen können auch Sie Ihren tauben Hund „alltagstauglich“ machen und für Prüfungen oder sogar Wettkämpfe vorbereiten.*

meine Umwelt bewusst, aber nicht ängstlich angespannt und kann so auf uns zukommende Situationen souverän mit den Hunden bewältigen und ihnen klar „sagen“, was sie zu tun haben.
Dieses Buch soll Ratgeber und Nachschlagewerk für alle Hundebegeisterten sein, die sich mit dem Thema „Taube Hunde“ beschäftigen wollen oder müssen, weil sie selbst eine gehörlosen Hund haben oder beruflich damit zu tun haben, und sich den Umgang mit diesen Hunden nicht so ganz zutrauen.
Außerdem wünsche ich mir, dass der Leser das eigene Handeln seinem Hund gegenüber einmal von außen genauer betrachtet.
Das Buch soll außerdem Mut machen, vielleicht einem Handicap-Hund ein liebevolles Zuhause zu geben, ganz egal, ob er von Geburt an oder durch Krankheit taub geworden ist oder im Alter sein Gehör verloren hat.
Und übrigens – alle hier beschriebenen Tipps und Anleitungen für die Erziehung lassen sich ebenso auch bei hörenden Hunden anwenden!

Michaela Göbel, Frühjahr 2013

# Einführung

Grundsätzlich denke ich, dass es mit Sicherheit leichter ist, einen tauben Welpen zu erziehen, der im Grunde wie ein Rohdiamant ist, als einen tauben erwachsenen Hund, der sich vielleicht bei seinen Vorbesitzern schon ungewünschte Verhaltensweisen angeeignet hat, die man nun wieder ausmerzen möchte oder – aus Sicherheitsgründen für die Umwelt oder den Hund – muss! Aber genau in dem Punkt möchte ich mit diesem Buch weiterhelfen und informieren.
Es soll eine Art Leitfaden werden, was wann wie zu tun ist, und auch weiterhelfen, wenn bereits schon etwas schiefgelaufen ist.
Zunächst einmal müssen wir uns im Klaren sein, dass Hunde, die von Geburt an taub sind, kein Mitleid brauchen. Warum auch? Für sie ist die Welt so in Ordnung, wie sie ist. Es ist unser Kopfproblem, wenn wir denken „Oh, der Arme“ oder „Der ist behindert“. Ein tauber Hund „denkt“ nicht so. Ihm geht es gut so, denn er kennt es nicht anders. Er hat dieselben Fähigkeiten wie hörende Hunde, nur dass ihm ein Sinn fehlt, nämlich der Hörsinn. Aber auch taube Hunde wollen erzogen, gefördert, gearbeitet werden und Spaß am Leben haben dürfen!
Meiner Ansicht nach sind taube Hunde häufig konzentrierter bei der Arbeit, da sie keine Ablenkung in Form von Alltagsgeräuschen haben. Wenn man einen guten Blickkontakt aufgebaut hat und die Bindung gefestigt ist, nimmt der taube Hund einen anderen Hund erst wahr, wenn er ihn sieht! Er hört nicht den anderen Hund herankommen oder das Klappern der Steuermarke am Halsband, auf das hörende Hunde häufig reagieren.

*Taube Hunde sind oft viel konzentrierter bei der Sache als hörende Hunde.*

Aber natürlich gibt es auch Situationen mit einem tauben Hund, die nicht ganz so erfreulich sein können und einen hin und wieder an die Grenzen bringen! Ich denke da an das Verfolgen von Autos, das Jagen von Joggern oder das Anfallen eines Staubsaugers. Aber auch hier soll das Buch als Leitfaden dienen und Hilfestellung geben. Es sind viele Situationen genau beschrieben, die ich mit Merlin erlebt habe.

## Mit tauben Hunden kommunizieren

Blickkontakt, Mimik, Gestik und Körperkontakt sind die wichtigsten Kommunikationsmittel, die man beim Umgang mit einem tauben Hund benötigt, und ich genieße es mittlerweile sehr, so „fein“ mit meinen Hunden zu kommunizieren. Ein entspannter Gesichtsausdruck und eine kurze zärtliche Berührung im Fell genügen und der Hund „strahlt“ über das ganze Gesicht und fühlt, er hat es gut gemacht!
Oder es reicht ein energischer Blick und ein Anspannen des Körpers und der Hund weiß, dass das, was er gerade tut, so nicht in Ordnung ist.
Außerdem beginnt man sich selbst und sein Handeln mehr von außen kritisch zu beobachten, um für den Hund klarer und berechenbarer zu sein.

*Besonders beim Umgang mit tauben Hunden spielt die persönliche Ausstrahlung eine ganz wichtige Rolle.*

## Die persönliche Ausstrahlung

Die Ausstrahlung, mit der man auf einen Hund einwirkt, ist sicher auch nicht zu unterschätzen. Ich bin überzeugt davon, dass ein tauber Hund auf die persönliche Ausstrahlung noch intensiver reagiert als ein hörender, da er ein Defizit bei seinen Sinnen hat und dies auf anderer Ebene versucht auszugleichen.

Man muss sich klar darüber sein, was man will und was nicht, und dies dem Hund auch genauso verständlich machen! Wichtig ist in diesem Zusammenhang auch, dass man dies konsequent umsetzt. Wenn ich nicht will, dass mein Hund unaufgefordert aus dem Auto springt, will ich das nie, auch nicht, wenn heute die Sonne scheint und gerade niemand in der Nähe ist.

Wenn ich etwas nicht möchte, zum Beispiel dass mir mein Hund das leckere Schinkenbrot vom Teller klaut, ist es eigentlich recht einfach, den tauben Hund in der entsprechenden unerwünschten Handlung punktgenau zu erwischen, denn er hört ja nicht, dass ich mich heranschleiche. So kann ich ihn auf „frischer Tat" ertappen und er kann seine letzte Handlung, in dem Fall das Klauen des Brotes, punktgenau mit meiner Reaktion verknüpfen.

Man stelle sich vor, er steht am Tisch, die Vorderpfoten auf dem Stuhl, die Nase schon am Tellerrand, ich tippe ihn an, schaue grimmig, schüttele den Kopf, meine damit ein klares „Nein" – da kommt die Ausstrahlung wieder mit ins Spiel – und schicke ihn mit einer energischen Handbewegung raus aus der Küche. Das funktioniert ohne Worte und ich habe ihn punktgenau erwischt!

*Das vorsichtige Anstupsen ist häufig die einzige Möglichkeit, die Aufmerksamkeit eines tauben Hundes auf sich zu ziehen, wenn gerade kein Blickkontakt besteht.*

„Nein“ heißt in dem Fall, ich fühle auch „Nein“! Meine Körperspannung, die Ausstrahlung, verändert sich, der Hund spürt es und reagiert darauf.
Oder noch ein Beispiel: Der Hund steht an der Balkontür und verbellt den draußen vorbeilaufenden Nachbarshund. Auch in dem Fall gehe ich hin, stupse ihn an der Schulter an, gehe einen energischen Schritt auf ihn zu, schüttele den Kopf, meine also „Nein“ und schicke ihn weg.
Wieder hat der Hund die Möglichkeit, die Situation punktgenau und ohne viel weiteren Aufwand zu verknüpfen, und das wird er auch. Für ihn ist das mit Sicherheit leichter als für viele hörende Hunde. Wir Menschen neigen aber einfach dazu, noch irgendetwas dazu zu quasseln und wollen dem Hund so versuchen zu erklären, warum wir jetzt gerade nicht möchten, dass er rumkläfft.
In solchen Situationen auch ein bewährtes Hilfsmittel ist eine Wasserspritzpistole. Dabei muss ich unter Umständen noch nicht einmal zum Hund hingehen, sondern nur kurz spritzen, mit dem Kopf schütteln, grimmig schauen und den Hund mit einer energischen Handbewegung wegschicken. Damit strahle ich auch ein „Nein“ aus.

## PROBLEME MIT DEM GLEICHGEWICHTSSINN

*Ein interessanter Unterschied zu unseren hörenden Hunden ist mir bei unseren beiden tauben Hunden aufgefallen: Sie hatten beide Probleme mit dem Gleichgewichtssinn und auch mit der Höhe Schwierigkeiten. Merlin und auch Cloud hatten zu Anfang massive Probleme, über eine ganz normale Bank zu balancieren oder auch über ein breites Brett zu laufen, das ich auf zwei Autoreifen gelegt hatte. Merlin traute sich nach einigen Versuchen gar nicht mehr hoch – man konnte ihm den Stress förmlich ansehen! Nur mit viel Verständnis und auch körperlicher Hilfe meinerseits, indem ich ihn gehalten habe, und vielen Wiederholungen mit verschiedenen Übungen wurde es langsam besser. Am allerschwierigsten war es für ihn, über Baumstämme zu balancieren und dann womöglich noch ein von mir gewünschtes „Sitz“ oder „Platz“ auszuführen.*
*Mir fiel dann ein, dass ich gehört hatte, dass Menschen, die taub sind, häufig ebenfalls Probleme mit dem Gleichgewichtssinn haben. Ich kann nicht genau sagen, ob das bei tauben Hunden der Fall ist. Sie können es mir ja leider nicht erzählen, aber unbeachtet wollte ich diese Beobachtung nicht lassen!*

*Auch bei Cloud wird es durch das konsequente Üben langsam besser, allerdings ist sie, sobald sie merkt, dass es nicht gleich klappt, völlig hektisch und konfus. Manchmal habe ich Angst, sie bricht sich die Knochen mit ihren Aktionen, während Merlin dann eher zögerlich, fast bockig war.*

*Bei beiden unterschiedlichen Reaktionen der Hunde ist es wichtig, dass ich mich selbst ruhig und gelassen verhalte und nicht durch hektisches Rumgehopse anstecken lasse. Das ist nicht immer einfach, aber wenn man sich dessen bewusst ist, kann man es lernen.*

Wie schon oben erwähnt sind Mimik, Gestik, Körperspannung, Körperkontakt und natürlich auch Leckerli oder Spielen als Bestätigung für richtiges Verhalten die wichtigsten Hilfsmittel bei der Kommunikation mit einem tauben Hund. Ich selbst achte, seitdem Merlin bei mir ist, auch viel mehr darauf, wie ich mittels Körpersprache und Ausstrahlung mit meinen Hunden agiere, sodass sie die Möglichkeit haben, mich richtig zu deuten und zu verstehen. Somit bin ich für sie berechenbar und klar in meinem Handeln. Wichtig ist es auch, selbst einmal abwarten zu können und dem Hund die Chance zu geben, vielleicht selbstständig, ohne dass ich mit Handzeichen agiere, positiv auf meine Körpersprache und auf das, was ich mitzuteilen versuche, zu reagieren.

*Auch an der Leine kann der Hund mal Hund sein und wird ausgelastet.*

Hier ein Beispiel: Sobald ich die Leine in die Hand nehme, wissen meine Hunde, dass es losgeht, und es entsteht Unruhe im Rudel. Ich lege die Leine wieder hin und warte ab. Sobald die Hunde mich fragend anschauen und sich beruhigt haben, nehme ich die Leine wieder in die Hand und es entsteht erneut Unruhe. Dann lege ich die Leine wieder aus der Hand. Es ist dann ganz spannend zu sehen, wie die Hunde sehr schnell nur durch Beobachten meiner Handlungen verknüpfen und verstehen, was ich möchte, nämlich, dass es erst los geht, wenn sie sich beruhigt haben.
Diese stille Kommunikation, ein Spaziergang „ganz ohne Worte“ ist für mich täglich faszinierend und ich vermisse die Vergangenheit sicher nicht, als ich meine früheren Hunde gefühlte zehn Mal gerufen habe, bis sie dann endlich kamen – oder auch nicht!

## Die Sache mit dem An-der-Leine-Laufen

Eine Sache muss ich noch ansprechen, die mir erst vor Kurzem richtig bewusst geworden ist: Meine Einstellung zur Leine hat sich grundlegend verändert!
Früher war ich der Meinung, dass nur ein frei laufender Hund wirklich ausgelastet und zufrieden sein kann. Außerdem fand ich es eher lästig und behindernd, meinen Hund anzuleinen, und suchte mir infolgedessen auch Spazierwege, wo

ich ihn frei laufen lassen konnte. Ich fühlte mich dann besser, das war der Punkt. Durch das viele Arbeiten mit der Schleppleine als Hilfsmittel und mittlerweile auch das richtige Handling, ohne aufzuwickeln oder den Hund zu entknoten, sind die Schleppleine und auch die normale Leine bei uns nicht mehr wegzudenken und ich will dies auch gar nicht mehr!
Man kann einen Hund auch an der Leine ordentlich auslasten. Dazu braucht man nur ein paar Ideen, wie man dies anstellt. Außerdem bin ich der Meinung, wenn ein Hund nie lernen kann, anständig an der Leine zu laufen, woher soll er es dann können? Wenn er das nicht beherrscht, sind ganz klar die Male, in denen ich ihn anleinen muss, ein Desaster. Sie bedeuten Stress bei mir und sicher auch beim Hund und alles bleibt negativ in der Erinnerung.
Die Leine ist für mich eine positive Verbindung zwischen Hund und mir geworden. Allerdings ist das anständige An-der-Leine-Laufen auch das Ergebnis von einem konsequenten Umgang – und das 365 Tage im Jahr.
Liebevoll, fair, aber konsequent, diese Worte werden sich wie ein roter Faden durch dieses Buch ziehen.

## Die nötigen Hilfsmittel

Die sogenannte **Hausleine** ist ein dünnes Baumwollseil, nicht länger als 50 cm, mit einem leichten Karabiner ohne weitere Metallteile oder Ösen daran, die der Hund im Haus trägt. Sie soll keine weiteren Metallteile haben, damit sich der Hund nirgendwo einhaken oder verletzen kann.

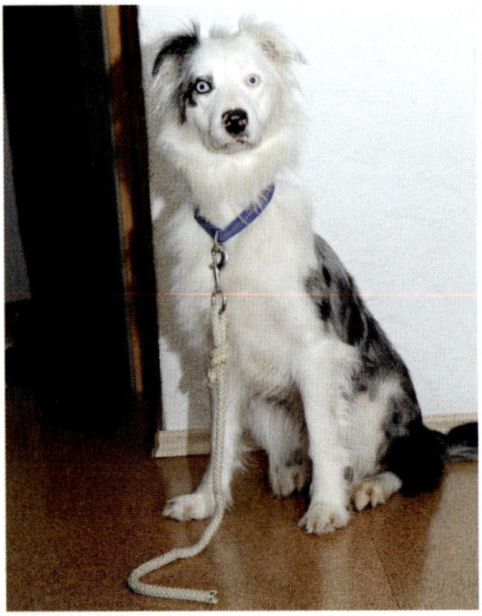

*In der Wohnung hat sich die Hausleine als Hilfsmittel gut bewährt.*

Die Hausleine hat den Vorteil, dass ich den Hund trotzdem kontrollieren bzw. auch mal von etwas wegholen kann, wenn er sich zum Beispiel gerade über meinen Frühstückstisch hermacht, ohne ihn dabei am Halsband wegzuziehen! Denn viele Hunde reagieren recht empfindlich, wenn man sie in so einer Situation am Halsband nimmt, und mein tauber Hund hört ja nicht, dass ich schimpfend ankomme, und erschreckt sich vielleicht so sehr, dass er unter Umständen abschnappt.
Dies möchte ich uns beiden ersparen, da es auf unserer Vertrauensebene eine Wunde reißt! Deshalb hat sich bei mir die Hausleine als sinnvolles Hilfsmittel bewährt.

Um die Hausleine befestigen zu können, ist natürlich auch ein **Halsband** erforderlich, das der Hund im Haus und auch draußen tragen kann. Für die aufbauenden Übungen in Verbindung mit der Schleppleine, die im nächsten Kapitel beschrieben werden, sollte außerdem ein **Geschirr** zur Verfügung stehen. Achten Sie darauf, dass das Geschirr genau der Größe und Statur angepasst ist, also nicht zu groß und nicht zu klein ist, und auch weder am Körper drückt oder reibt. Ein Geschirr muss bei Hunden so gut angepasst sein, dass sie nicht herausschlüpfen können. Denn wenn der Hund einmal gelernt hat, aus dem Geschirr herauszuschlüpfen, wird er es immer wieder versuchen.

*Geschirr und Schleppleine gehören am Anfang zur Grundausstattung bei der Erziehung eines tauben Hundes.*

Die **Schleppleine** ist ein besonders wichtiges Hilfsmittel bei der Ausbildung eines tauben Hundes. Ich bin außerdem der Meinung, dass sie unglaublich viel Sicherheit gibt, wenn man noch nicht genau weiß, in welchen Situationen der Hund unsicher reagiert oder ein negatives Verhalten zeigt.

Dass eine normale **Hundeleine** zur Ausstattung gehört, ist natürlich selbstverständlich.

Vom Kauf eines **Vibrationsgerätes** bin ich schon vor Jahren abgekommen, da ich festgestellt hatte, dass im Internet häufig sogenannte Reizstromgeräte (auch Teletakt genannt) mit der Zusatzfunktion Vibrieren angeboten wurden. Ich habe es schlichtweg nicht eingesehen, ein so teures Gerät zu kaufen nur wegen der Vibrationsfunktion – und dann auch noch ein Gerät am Hals meines Hundes zu haben, das verboten ist wegen der Reizstromfunktion. Es war ein Widerspruch in sich. Also musste es anders gehen und das tat es auch!

Heute gibt es mittlerweile – wenn auch nicht viele – Geräte, die ausschließlich diese Funktion haben. Damit lässt sich sicherlich zum Beispiel ein Platzkommando auf die Entfernung aufbauen. Der Hund läuft frei und sobald er die Vibration am Hals spürt, soll er dieses Kommando sofort ausführen. So hätte ich die Möglichkeit, wenn sich von hinten zum Beispiel ein Fahrradfahrer nähert, meinem Hund aus der Entfernung zu signalisieren, dass er sich jetzt sofort hinlegen soll. Allerdings habe ich selbst keine Erfahrung damit und möchte auch nicht mutmaßen, wie man dies aufbaut. Ich habe diese Art von Übungen auf andere Weise mit meinen Hunden trainiert.

# Tatsächlich taub?

Falls der Verdacht aufkommt, dass ein Hund eventuell taub sein könnte oder vielleicht ein eingeschränktes Hörvermögen hat, würde ich immer auf Nummer sicher gehen und dies von einem Tierarzt mithilfe einer Audiometrie, auch elektroakustische Hörprüfung genannt, untersuchen lassen. Dieser Test wird mit einem sogenannten Audiometer durchgeführt. Dieses Gerät misst elektrische Aktivitäten in der Gehörgangsschnecke (Cochlea) und dem Gehirn, ähnlich wie bei einem EKG, bei dem elektrische Ströme im Herz gemessen werden, und gibt anhand aufgezeichneter Kurven Aufschluss darüber, inwieweit sich der Hörverlust darstellt.

Beide Ohren werden separat getestet. So kann man genau feststellen, ob der Hund einseitig oder beidseitig taub ist oder welches der beiden Ohren vom Hörverlust betroffen ist. Leider gibt es nicht sehr viele Tierarztpraxen, die ein solches Gerät besitzen, aber im Internet wird man schnell fündig darüber, wo der nächste Tierarzt in der Umgebung mit solch einem Gerät zu finden ist.

Man kann aber auch vorab schon mal ausprobieren, ob der Hund darauf reagiert, wenn man hinter seinem Kopf in die Hände klatscht. Oder man lässt etwas auf den Boden fallen, was ein lautes Geräusch erzeugt, während der Hund im Nebenraum schläft, um zu beobachten, ob er eine Reaktion zeigt. Dieser Test (das Fallenlassen eines Gegenstandes) sollte in einem Nebenraum stattfinden, da der Hund eventuell die Vibrationen auf dem Boden spüren und davon erwachen könnte, wenn dies genau neben ihm passieren würde.

*Ob ein Hund wirklich taub ist, lässt sich nur durch einen Hörtest feststellen.*

## Die Ursachen für Taubheit

Es gibt verschiedene Ursachen für eine Taubheit und Schwerhörigkeit. Beim sogenannten **konduktiven Hörverlust** ist die Ursache meist eine vorausgegangene Entzündung des Mittelohrs. Hier ist dann eine Verstopfung des Gehörgangs durch Entzündungsprodukte die Ursache dafür, dass die Schallwellen unterbrochen werden. Im Vordergrund stehen hier Schmerzen und der Juckreiz im Ohrbereich. Häufig zeigt der Hund auch Abwehrreaktionen in Form von Schnappen, wenn man an das betroffene Ohr fasst, oder er heult auf.

### ERFAHRUNGSBERICHT

*Als ich noch im Tierheim beschäftigt war, erlebten wir einmal so einen Fall. Wir bekamen einen aus schlechter Haltung beschlagnahmten Staffordshire Bull Terrier, der eine ganz schlimme Ohrenentzündung hatte und auch sonst in keinem sehr guten Gesundheitszustand war. Er wurde aufgepäppelt und von den Tierärzten behandelt. Allerdings stellte sich nach einiger Zeit heraus, dass durch die lang anhaltende Entzündung das Innenohr so schwer geschädigt war, dass das Gehör nicht mehr zu retten war. Bei einem Staffordshire Bull Terrier kommt leider hinzu, dass er in Baden-Württemberg zur sogenannten Kategorie 1 der Listenhunde/Kampfhunde gehört und somit einen Wesenstest machen muss, um überhaupt vermittelt werden zu können! Bei einem Wesenstest wird die „Gefährlichkeit", die vom Hund ausgeht, überprüft.*
*Obwohl er nicht mehr der jüngste war, hat ihm seine damalige Tierheimpatin liebevoll und mit sehr viel Einfühlungsvermögen „Sichtzeichen" beigebracht und so konnte er den Wesenstest souverän und erfolgreich absolvieren. Außerdem fand er ein ganz liebevolles Zuhause und durfte dort seinen Lebensabend zusammen mit einer Handicap-Katze und einer gesunden Katze genießen. Ein Happyend!*

Bei der **sensoneuralen Taubheit** spricht man von einer angeborenen oder vererbten Erkrankung bzw. Degeneration des Innenohrs. Die Folge ist der Verlust feinster Haarzellen der Gehörgangsschnecke (Cochlea), welche zur Verarbeitung und Weitergabe an das Gehirn benötigt werden. Damit fehlen dem Hund die „Antennen", um Geräusche aufzufangen und an das Gehirn weiterzuleiten. Diese Sinneszellen sind nicht regenerationsfähig, das heißt, der Befund ist damit endgültig, der Hund ist und bleibt taub.
Eine sensoneurale Taubheit kann man bereits beim Welpen ab etwa der 5. Lebenswoche feststellen.

Ich werde in diesem Buch nicht detailliert darauf eingehen, warum und weshalb Hunde taub geboren werden, das würde von der medizinischen und auch ge-

*Der Dalmatiner gehört zu den Rassen, bei denen die Taubheit häufig festgestellt wird.*

*Bei Hunderassen mit Merlefärbung oder viel Weiß besteht die Gefahr, dass die Veranlagung für Taubheit vererbt wird.*

netischen Seite her den Rahmen sprengen – außerdem bin ich kein Mediziner. Allerdings möchte ich anmerken, dass es leider immer wieder Menschen gibt, die ganz bewusst Hunde mit bestimmten Fellfarben, der Schönheit wegen, miteinander verpaaren, obwohl es durchaus bekannt ist, dass damit ein Risiko verbunden ist, und somit in Kauf nehmen, dass Welpen taub, vermindert sehfähig, ganz blind oder sogar taub und blind geboren werden.

Tragisch finde ich an dieser ganzen Sache, dass wir Menschen diejenigen sind, die das zu verantworten haben. Und leider bleiben diese Hunde dabei auf der Strecke. Entweder landen sie dann in Tierheimen oder im schlimmsten Fall „fehlen“ sie einfach irgendwann, sobald bemerkt wird, dass irgendetwas mit dem Hund nicht stimmt.

Meist stammen solche Welpen aus sogenannten Merle-Merle-Verpaarungen, die bei uns ganz offiziell verboten sind, da bekannt ist, dass die Hunde Gendefekte aufweisen und diese an ihre Nachkommen weitergeben können. Auffällig bei diesen Hunden ist, dass sie sehr viel Weiß im Fell tragen, häufig sehr viel Weiß am Kopfbereich haben oder sogar völlig weiß sind. Bei Hunderassen, bei denen es keine Merle-Färbung gibt, kommt die angeborene Taubheit auch häufiger bei den Rassen vor, die teilweise oder völlig weiß sind.

Auch bei Jack oder Parson Russell Terriern kann Taubheit auftreten.

Bevor ich mich mit dem Thema Taubheit beim Hund aufgrund meines eigenen Hundes Merlin mehr befasste, war mir persönlich bis dahin nur der Dalmatiner bekannt, bei dem dies häufiger vorkommen kann. Es gibt aber noch viel mehr Rassen, bei denen eine erblich bedingte Taubheit nachgewiesen ist. Bei meinen Recherchen stellte ich fest, dass zurzeit etwa 60 Hunderassen in diesem Zusammenhang genannt werden, wobei es mich sehr überrascht hat, dass dort auch Rassen wie Labrador Retriever, Schäferhund, Rottweiler oder Dobermann erwähnt werden, von denen man es überhaupt nicht vermutet. Selbst bei Mischlingen kann diese Form der Taubheit vorkommen.

Um keine der dort aufgelisteten Hunderassen ins falsche Licht zu rücken, verzichte ich auf eine Nennung der betroffenen Rassen. Außerdem hängen solche Listen auch immer von Statistiken und Forschungsergebnissen ab, sodass ständig eine weitere Rasse hinzukommen oder sich der prozentuale Anteil der tauben Hunde innerhalb einer Rasse ändern könnte.

Dafür möchte ich hier aber einige Hunde – alphabetisch geordnet – nennen, die taub waren oder sind und die ich persönlich kennenlernen durfte:

- Australian Cattledog – Familienhund und ist erfolgreich im Agility
- Australian Shepherd – Familienhund, Alltagsbegleiter, sportbegeistert
- Boxer – lebte bis zuletzt als Familienhund mit vier Kindern zusammen
- Border Collie – Familienhund, Alltagsbegleiter und war bis zuletzt sehr erfolgreich im Agility der höchsten Klasse A3
- Chihuahua – Familienhund und fröhlicher Begleiter zur täglichen Arbeit in ein Frisörgeschäft
- Dogge – bis zuletzt treuer Familienhund und Alltagsbegleiter
- Dalmatiner – Familienhund und Alltagsbegleiter, lebt mit einem hörenden Dalmatiner in einer liebevollen Familie
- Jack/Parson Russel Terrier – bis heute sportbegeisterter Alltagsbegleiter, der für jegliche Beschäftigung und jeden Quatsch zu haben ist
- Staffordshire Bull Terrier – lebte nach bestandenem Wesenstest bis zuletzt zufrieden als Familienhund mit zwei Katzen zusammen

Neben der oben beschriebenen vererbten Form der sensoneuralen Taubheit gibt es auch erworbene Ursachen mit Auswirkungen auf das Innenohr. Am häufigsten bekannt ist hier zweifellos die sogenannte **Alterstaubheit** oder **Altersschwerhörigkeit,** von der Hunde ab dem 9. Lebensjahr betroffen sein können. Typisch ist hier ein langsames, oft auch unbemerktes Abnehmen des Hörvermögens, von dem ich persönlich überzeugt bin, dass es durchaus auch belastend für den Hund und seinen Besitzer sein kann.

Bisher kannten Mensch und Hund sich in- und auswendig und nun muss man für seinen ergrauten Vierbeiner vorausschauend und manchmal auch schützend die Initiative übernehmen. Das ist je nach eigener Lebenslage manchmal auch schwierig, aber ich bin der Meinung, dass wir unseren treuen, alternden Hunden dies schuldig sind!

Bei den erworbenen Ursachen gilt es außerdem zu erwähnen, dass bestimmte **Medikamente** einen negativen Einfluss auf das Ohr haben können. Dazu gehören gewisse Antibiotika, Chemotherapeutika, Schwermetalle und auch äußerlich angewendete Desinfektionsmittel. Deshalb sollte vor einer Ohrenbehandlung auch immer vom Tierarzt überprüft werden, ob das Trommelfell intakt ist, um einen Kontakt zwischen dem Medikament und dem Innenohr zu vermeiden.

*Dieser über 13 Jahre alte Hund reagiert nicht mehr auf Geräusche – ein sicheres Zeichen für Alterstaubheit.*

# Die Grunderziehung

Die Erziehung eines gehörlosen Hundes erfolgt vom Prinzip her sehr ähnlich wie die Erziehung oder Ausbildung eines hörenden Hundes – es gibt nur einen großen Unterschied: Sämtliche Hörzeichen entfallen. Somit basiert alles vom Alltag bis zur Spezialausbildung nur auf Sichtzeichen. Voraussetzung hierfür ist natürlich ein ständiger Blickkontakt.
Im Folgenden wird beschrieben, wie man zunächst den Blickkontakt und dann alle Elemente der Grunderziehung beim tauben Hund richtig aufbaut.

## Blickkontakt

Beim Umgang mit einem tauben Hund ist der Blickkontakt das A und O. Ohne einen ständigen oder in kurzen Abständen regelmäßigen Blickkontakt zwischen Hund und Mensch sind alle weiteren Übungen unmöglich umzusetzen.

### Blickkontaktaufbau

Beim Aufbau des Blickkontaktes behelfe ich mir zunächst mit der Schleppleine von höchstens 10 Meter, besser sind aber erst einmal 8 Meter Länge und eines Geschirrs. Ich nehme viele kleine Leckerlis mit und auch ein Spielzeug.
Wenn wir dann zusammen spazieren gehen, achte ich darauf, wann der Hund von sich aus mal stehen bleibt und nach mir schaut. Das bestätige ich dann sofort, indem ich ihm innerhalb von einer bis höchstens drei Sekunden ein Leckerli oder sein Spielzeug zuwerfe.
Eine sehr schnelle Bestätigung ist wichtig, damit der Hund sie noch mit seiner letzten Handlung verknüpfen kann, in diesem Fall, dass er stehen bleibt und nach mir schaut.

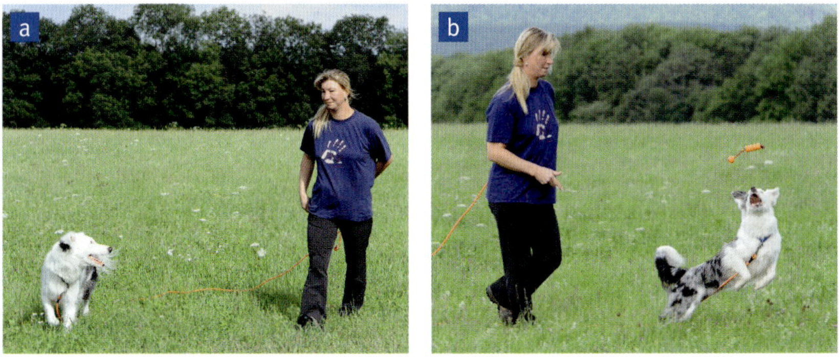


*Sobald der Hund an der Schleppleine den Blickkontakt sucht (a), bekommt er als Belohnung sein Spielzeug zugeworfen (b).*

Beim Spazierengehen sollte man auch immer wieder Richtungswechsel einbauen. Ich laufe mal nach rechts, mal nach links und drehe auch einfach mal um und laufe in die andere Richtung.
Erstens fördert das die Aufmerksamkeit (nicht nur bei tauben Hunden!) und zweitens lernt der Hund, sich so an mir zu orientieren und öfter mal zu schauen, was ich tue.
Wenn er dann, ohne dass Zug auf die Leine gekommen ist, hinter mir herkommt und auf meiner Höhe ist und mich anschaut, fliegt das Spielzeug in seine Richtung oder ich werfe ihm ein Leckerli entgegen.
Wenn er aber einfach an mir vorbeirennt, ohne mich zu beachten, drehe ich wieder um und gehe in die andere Richtung, also in die entgegengesetzte als die, in welcher der Hund jetzt unterwegs ist. Hierbei achte ich darauf, dass ich „sanft" umdrehe und nicht an der Leine reiße!
Wenn der Hund nicht aufpasst, ist die Leine irgendwann zu Ende und er wird abrupt gestoppt. Deshalb verwende ich lieber eine kürzere Schleppleine und ein Geschirr. Dann kann der Hund kein so hohes Tempo aufbauen und sich somit auch nicht wehtun oder verletzen!
Diese Richtungswechsel führe ich so lange durch, bis der Hund irgendwann auf meiner Höhe bleibt und mich anschaut. Dann wird gespielt oder es gibt etwas Leckeres.
Da ein Hund am Erfolg lernt, wird er dieses Verhalten nun häufiger zeigen, da es sich ja für ihn lohnt. Und ich kann dieses Verhalten bestätigen, entweder mit einem gemeinsamen Spiel oder eben in Form von Leckerlis (später auch mit einem Futterbeutel, aber darauf gehe ich noch ein).

## WIE LANGE MIT DER SCHLEPPLEINE ARBEITEN?

*Es ist schwierig einzuschätzen, wie lange das Schleppleinentraining erfolgen sollte. Aber ich würde ein Jahr als realistisch betrachten, je nach Hund und aufkommenden oder mitgebrachten Schwierigkeiten etwas mehr oder etwas weniger.*

Die Übungen werden natürlich an das Verhalten und den Fortschritt des Hundes angepasst. Wenn die Aufmerksamkeit durch das Training recht ordentlich geworden ist, kommt eine Schleppleine mit 10 Meter Länge ins Spiel. Ich halte sie dann auch nicht mehr ständig in der Hand, sondern lasse sie auch mal am Boden hinterherschleifen. Somit bekommt der Hund etwas mehr räumliche Distanz. Die Richtungswechsel und das Bestätigen des Blickkontakts erfolgen natürlich weiter. Allerdings bestätige ich nicht mehr jedes Mal, wenn der Hund mich anschaut, denn er hat ja schon verstanden, was ich möchte, sondern nur noch jedes dritte oder vierte Mal. So ist es für den Hund spannend, weil er nicht weiß, wann eine Bestätigung kommt, und er bleibt aufmerksam.

*Wenn der Hund den Blickkontakt sucht, obwohl das Leckerli in der ausgestreckten Hand ist (a), wird er sofort bestätigt (b).*

### Blickkontaktübung

Ich nehme den Hund an die Leine und ein Leckerli in eine Hand. Dem Hund zeige ich dann, dass sich ein Leckerli darin befindet. Dann strecke ich den Arm zur Seite aus. Wenn der Hund wegschaut, zeige ich ihm noch mal, dass da was Gutes in der Hand ist, und nehme dann die Hand wieder weg. Der Hund wird irgendwann versuchen, an das Leckerli zu kommen, und überlegen, wie er das schaffen könnte. Er wird vielleicht versuchen hochzuspringen, bellen, sich hinsetzen oder hinlegen und dabei die Hand fixieren.
Aber irgendwann wird er mir fragend in die Augen schauen und dann geht wieder sofort – innerhalb von ein bis drei Sekunden – die Hand nach unten und er bekommt das Leckerli.
Diese Übung wird mehrmals hintereinander wiederholt und man kann gespannt sein, wie schnell der Hund verstehen wird, dass er einem in die Augen schauen soll und nicht mehr die Hand fixiert!

## Herkommen ohne Sichtzeichen

Das Herkommen ohne Sichtzeichen und das anschließende Abwarten bedeuten für den Hund, er sieht, dass ich stehen bleibe, und er kommt zu mir zurück, ohne dass ich etwas tuen oder ihm zeigen muss, und schließlich wartet er neben mir, bis ich ihn freigebe und mich selbst wieder bewege.

*Beim Herankommen ohne Sichtzeichen bleibt man stehen und wartet ab, wie der Hund reagiert (a). Dreht er sich um und kommt zu einem, holt man schnell das Spielzeug zum Bestätigen hervor (b).*

Diese Übung ist für den Alltag sehr wichtig. Zum Beispiel ist es häufig so, dass sich der Hund verselbstständigt, wenn zum Beispiel beim Gassigehen das Handy klingelt oder man von irgendjemandem angesprochen wird. Der Hund merkt sofort, dass man abgelenkt ist, ihm ist langweilig und er nutzt die Chance.
Mir ist das mehrfach passiert und ich hatte dann Schwierigkeiten, meinen tauben Hund einzufangen und seine Aufmerksamkeit wieder zu bekommen.

Aufgebaut wird dies an der Schleppleine und mit Geschirr. Ich bleibe stehen, warte und beobachte den Hund. Wenn er sieht, dass ich stehe, und er schnüffelnd am Wegesrand stehen bleibt oder die Gegend beobachtet, gehe ich rückwärts mit Blick auf den Hund, aber vom Hund weg.
Bewegt er sich in meine Richtung, bleibe ich sofort stehen, warte, bis er bei mir ist und mich anschaut, und gebe ihm dann sofort die Bestätigung. Auch hier wechsle ich zwischen Spielzeug und Leckerli ab.
Wenn er zwar herankommt, aber an mir vorbeiläuft, trete ich auf die Schleppleine. Ich grenze ihn ein! Ich bleibe nur auf der Schleppleine stehen und bewege mich ansonsten nicht. Auch hier gilt das Motto, einfach mal abwarten, was der Hund macht.
Irgendwann wird er mich anschauen, denn ihm ist langweilig. Er kann ja nichts tun, was ihm Spaß macht, da ich ihn durch das Auf-die-Leine-Treten eingeschränkt habe. Das ruhige Stehen neben mir und das anschließende Mich-Anschauen werden sofort bestätigt!
Es erfordert sehr viele Wiederholungen und muss auch an unterschiedlichen Orten immer wieder geübt werden, damit sich das Ganze generalisiert. Es ist aber sehr praktisch, wenn der Hund dies verstanden hat und ausführt – und vor allem ohne Worte!

## Auflösungszeichen

*Gibt man dem Hund das Auflösungszeichen, darf er sich wieder frei bewegen.*

Das Auflösungszeichen ist sehr wichtig, da man damit jedes zuvor gegebene Kommando auflösen kann und der Hund weiß, wann er sich wieder frei bewegen und machen darf, was er möchte. Das Auflösungszeichen hat bei mir die Form einer Winkbewegung mit der Hand. Das heißt, wenn der Hund zum Beispiel das Sitz-Kommando bekommen hat (siehe später), muss er so lange sitzen bleiben, bis er das Auflösungszeichen bekommt. Oder er soll so lange im Auto warten, bis ich ihm das Auflösungszeichen gebe, erst dann darf er herausspringen.
Ein weiteres Beispiel dazu wäre folgendes: Ich habe den Hund zu mir hergewunken, er kommt, bekommt ein Leckerli und muss so lange bei mir stehen bleiben, bis ich ihm das Auflösungszeichen mit der winkenden Hand gebe.

### ERFAHRUNGSBERICHT

*Ein Fahrradfahrer kam von hinten an uns herangefahren. Merlin bekam das Sichtzeichen für „Sitz“, welches er auch sofort freudig ausführte. Als der Fahrradfahrer auf unserer Höhe war, stand Merlin plötzlich auf und wollte auf die andere Seite des Weges, um dort nach etwas zu schnuppern. Es ist zum Glück nichts passiert und der Fahrradfahrer war auch nicht böse auf uns, aber was hätte alles passieren können – nicht nur dem Radfahrer, sondern auch meinem Hund! Das war mein Schlüsselerlebnis. Ich hatte mich nicht deutlich genug für meinen Hund ausgedrückt.*
*Das nächste Erlebnis hatte ich einige Zeit später, nachdem ich dann das Auflösungssichtzeichen eingeführt hatte. Wir hatten zusammen Ball gespielt und ich war dabei, das Spielzeug wegzustecken. Merlin stand neben mir, schaute mich an und ich gab ihm das Auflösungszeichen in Form einer Winkbewegung, sodass er wusste, dass er jetzt frei laufen durfte. In etwa 10 Meter Entfernung stand ein geparktes Auto. Merlin trabte los, zielstrebig auf das Auto zu, nahm Anlauf und schwupps – stand er auf der Motorhaube des Wagens und strahlte mich an. Da hatte er mich wohl irgendwie falsch verstanden und rufen hatte ich mir sparen können – aber ich habe zum Glück eine gute Hundehaftpflichtversicherung.*

Das Auflösungszeichen hat sehr viel mit Konsequenz zu tun. Woher wissen unsere Hunde eigentlich, wie lange sie zum Beispiel nach einem von uns gegebenen Sitz-Kommando sitzen bleiben sollen? Ich denke, viele wissen es nicht, weil wir nicht klar sind mit unserer Aussage. Häufig ist es doch so, dass der Hund das Kommando nach einer Weile selbst auflöst, das heißt aufsteht und davonschlendert. Und man selbst reagiert überhaupt nicht darauf, weil man seinen eigenen Gedanken nachhängt oder auch durch irgendetwas abgelenkt ist. Der Hund lernt dabei aber, dass „Sitz“ so lange Sitzen bedeutet, bis er etwas Interessanteres sieht. Und wenn er dann aufsteht und davonschlendert, ist das für uns in Ordnung!

Aber eigentlich wollen wir ja, dass der Hund so lange sitzen bleibt, wie wir das wollen und bis wir ihm sagen, dass er wieder gehen darf, oder?

Mit solchen Gedanken habe ich mich aber erst beschäftigt, nachdem ich meine ersten kritischen Erfahrungen mit Merlin gemacht habe.

Auch unsere hörenden Hunde bekommen ein Auflösungskommando, damit sie wissen, wann sie sich wieder bewegen und Hund sein können, denn das „Sitz“ zu Hause oder das „Sitz“ vor einer Agilityhürde ist nichts anderes. Kommando ist Kommando und es liegt an mir, wie konsequent und zuverlässig mein Hund dies ausführt.

## Ein Spielzeug herbringen

Ein Spielzeug oder auch einen anderen Gegenstand herzubringen, ist eine besondere Herausforderung bei tauben Hunden, da ich sie ja nicht mit der Stimme locken, loben und motivieren kann.

Der Aufbau ist allerdings nicht ganz so schwierig. Dazu brauche ich eine ganz normale Leine, Leckerlis und ein Spielzeug.

Ich nehme die Leine in die eine Hand und das Spielzeug in die andere. Dann werfe ich das Spielzeug nur etwa 20 cm weit weg. Sobald der Hund Anzeichen macht hinterherzugehen und vielleicht versucht, es aufzunehmen, gibt es sofort nach ein bis drei Sekunden ein Leckerli. Dies wiederhole ich fünf- bis sechsmal hintereinander.

Die Leine ist deshalb wichtig, da ich nicht möchte, dass der Hund sich vielleicht das Spielzeug schnappt und auf und davon damit ist. Mit der Leine beuge ich dem vor. Dann mache ich eine kurze Pause und laufe wieder ein paar Meter weiter, damit der Hund kurz verarbeiten kann und darf, was er gerade gelernt hat.

Dann wiederhole ich das Ganze, aber erschwere die Übung etwas: Leine dran, Spielzeug wegwerfen und in dem Moment, in dem der Hund zum Spielzeug geht, bewege ich mich rückwärts vom Hund weg. Dabei mache ich eine einladende Handbewegung, die bedeutet „Komm“. Der Hund wird das Spielzeug im Maul kurz hinter mir hertragen und schon fliegt ihm das Leckerli entgegen. Auch dies wiederhole ich fünf- bis sechsmal hintereinander. Für heute lasse ich es dann gut sein mit dieser Übung – wir machen eine Pause!

Wenn der Hund verstanden hat, dass er das Spielzeug hinter mir hertragen soll, führe ich diese Übung mit der Schleppleine statt der normalen Leine durch. Dabei achte ich darauf, dass das Spielzeug nicht weiter weg geworfen wird, als die Schleppleine lang ist, sodass der Hund nicht in die Schleppleine rennt und er dann vielleicht kein Interesse mehr am gemeinsamen Spiel hat oder sich auch noch wehtun könnte!

Wenn der Hund nun das Spielzeug aufgenommen hat, kann ich auch mal wegrennen und in diese Übung etwas Tempo reinbringen. Wenn er das Spielzeug auf dem Weg zu mir fallen lässt, renne ich zusammen mit dem Hund zum Spielzeug und animiere ihn, es wieder aufzunehmen, indem ich immer wieder darauf zeige, mich ein paar Schritte vom Hund entferne und dann winke, sodass er hinterherkommt. Wenn er das Spielzeug dann bringt und vor mir fallen lässt, gibt es ein Leckerli.

*Das Bringen eines Spielzeugs ist für Merlin eine der liebsten Beschäftigungen.*

Natürlich kann man diese Übung auch mit anderen Gegenständen als mit einem Spielzeug durchführen, denn es ist ja nichts anderes als eine Apportierübung.

## Abgeben des Spielzeugs

Das Spielzeug in die Hand abzugeben, ist eine separate Übung. Zu Anfang trenne ich die Übung mit dem Herbringen von der Übung mit dem Abgeben, da ich den Hund nicht überfordern will und es mir auch wichtig ist, dass er schnell versteht, was ich möchte, und motiviert dabei bleibt.

Auch für diese Übung wird der Hund zunächst an die normale Leine ge-

*So wird das Spielzeug korrekt in die Hand gegeben.*

nommen, damit er sich nicht einfach davonmachen kann. Dann gehe ich in die Hocke, um mich klein zu machen und den Hund durch meine Körperhaltung zum Herkommen zu motivieren. Nun werfe ich das Spielzeug neben den Hund und sobald er es aufnimmt, halte ich meine Hand in seine Richtung. Zu Beginn wird er meine Hand beim Abgeben vielleicht noch nicht richtig treffen und das Spielzeug wird daneben fallen. Aber das ist zunächst egal, ich wiederhole die Übung ein paar Mal hintereinander.
Ich nehme das Spielzeug selbst auf und werfe es sofort wieder weg, um den Hund erst einmal zu motivieren und darin zu bestätigen, dass er es mir überhaupt bringt und versucht in meine Hand zu geben.
Nun gehe ich dazu über, das Spielzeug nicht mehr selbst vom Boden aufzuheben, wenn er meine Hand beim Abgeben nicht trifft, sondern mache eine einladende Handbewegung und halte dann meine Hand erneut in seine Richtung. Trifft er nun meine Hand und legt das Spielzeug hinein, werfe ich es sofort noch einmal weg, um ihn zu bestätigen, oder ich gebe ihm aus meiner anderen Hand ein Leckerli, das ich schon bereithalte.
Gelingt es nach fünf oder sechs Wiederholungen immer noch nicht, das Spielzeug direkt in die Hand zu legen, packe ich das Spielzeug weg, um dem Hund eine kurze „Denkpause“ zu verschaffen. Nach ein paar Minuten versuche ich es noch mal und meistens funktioniert es dann auch.
Klappt das mit dem Abgeben in die Hand, wird im nächsten Schritt die Übung aus dem Laufen heraus und mit dem Hund an der Schleppleine durchgeführt.

*Cloud muss erst mal lernen, wie man das Spielzeug richtig in die Hand gibt.*

Ich werfe das Spielzeug neben den Hund und strecke ihm meine Hand entgegen. Wenn er das Spielzeug nicht direkt in meine Hand gibt, animiere ich den Hund dazu, es wieder aufzunehmen, und renne ein paar Schritte weg. Er wird es hinterhertragen und ich mache mich wieder klein, indem ich in die Hocke gehe. Wenn er mir das Spielzeug in die Hand gibt, fliegt es und der Hund darf hinterher (bitte auf die Länge der Leine achten!). Wenn er es wieder nur neben mich wirft, nehme ich es einfach auf, ohne den Hund dabei zu beachten, und stecke es weg.
Nach ein paar Minuten versuche ich es noch mal und bin immer wieder fasziniert, wie schnell die Hunde verstehen, was wir von ihnen möchten!

## Arbeit mit dem Futterbeutel

Die Arbeit mit dem Futterbeutel baue ich auf, wenn das mit dem Bringen des Spielzeugs klappt, und zwar ebenfalls an der Schleppleine. Dazu nehme ich den Futterbeutel, lasse den Hund zwei- bis dreimal kurz daraus fressen und schließe den Reißverschluss. Dann werfe ich den Futterbeutel neben den Hund und entferne mich weg von ihm mit einer einladenden Winkbewegung, sodass er mir hinterherkommen soll. Wenn er den Futterbeutel zu mir herbringt, nehme ich ihm den Beutel aus dem Maul und er darf wieder daraus fressen.
Versucht er aber selbst, an dem Futterbeutel zu nagen, um an das Futter zu gelangen, gehe ich mit bestimmender Körperhaltung zu ihm hin, nehme

*Das richtige Abgeben übt man am besten mit dem Futterbeutel.*

den Futterbeutel weg und packe ihn ein. Dann ist das Spiel erst mal beendet! Nach einigen Minuten versuche ich das Ganze von vorn. Je nach Verfressenheit des Hundes kann es etwas dauern, bis diese Übung klappt, aber er lernt dabei, dass er nur gemeinsam mit mir zum Erfolg kommt. Der Futterbeutel kommt dann bei mir – wie noch später im Buch beschrieben wird – beim täglichen Spaziergang als Suchobjekt zum Einsatz.

## Sitz

Das Sichtzeichen für „Sitz“ bringe ich dem Hund zunächst in reizarmer Umgebung bei, am besten zu Hause. Dazu nehme ich ein Leckerli in die rechte Hand mit ausgestrecktem Zeigefinger und führe die Hand über den Kopf des Hundes nach hinten. Er wird versuchen, dem Leckerli in meiner Hand zu folgen. Nach dem Zufallsprinzip wird er sich irgendwann hinsetzen, dann geht meine Hand sofort (innerhalb von ein bis drei Sekunden) auf und er bekommt die Bestätigung. Sobald er am fressen ist, gebe ich ihm bereits das Auflösungszeichen, indem ich eine Winkbewegung mache. Das ist sehr wichtig, da ich ja möchte, dass er lernt, so lange sitzen zu bleiben, bis das Kommando aufgelöst wird, und er nicht selbst entscheidet, wann er aufsteht.

*Auch draußen wird das „Sitz“ erst in ruhiger Umgebung geübt.*

Dies wiederhole ich mehrfach und gehe dann dazu über, das Leckerli in die linke Hand zu nehmen und das Sichtzeichen „Sitz“ mit der rechten Hand zu zeigen. Wenn sich der Hund auf das Sichtzeichen „Sitz“ hinsetzt, kommt aus der linken Hand sofort das Leckerli und wieder das Auflösungszeichen, sobald er am fressen ist.

Wenn das gut klappt, gebe ich das Sichtzeichen für „Sitz“, warte aber einen Moment ab, bis ich das Leckerli und anschließend das Auslösungszeichen gebe. Somit erreiche ich, dass der Hund lernt, in der Sitzposition länger zu verharren, ich erhöhe also seine Konzentration.

Wenn er ohne Auflösungszeichen aufsteht, korrigiere ich ihn und führe das Ganze noch einmal durch, sodass wir

die Übung gemeinsam positiv beenden. Allerdings überdenke ich dann, ob der Hund schon im Kopf müde ist und die Konzentration nachlässt.
Nach und nach verlagere ich diese Übung nach draußen und arbeite beim täglichen Spazierengehen mit mehr Ablenkung für den Hund. Allerdings verlange ich noch kein „Sitz“, wenn zum Beispiel ein Fahrrad oder ein Jogger an uns vorbeikommt und zwar aus folgendem Grund:
Der Hund hat vielleicht Angst vor dem fremden, auf ihn zu rennenden Menschen und wird die Sitz-Position (oder auch Platz-Position siehe unten) selbst auflösen, um einen Schritt hinter mich oder seitlich auszuweichen, weil er es einfach noch nicht aushalten kann. Oder es kommt ein großer Traktor, der dem Hund Angst bereitet (nur durch die Größe, nicht durch den Lärm!). Ich habe ihn in diese zwiespältige Situation gebracht, da ich das Kommando von ihm verlangt habe und er es dann selbst auflösen muss, um sich in Sicherheit zu bringen. Deshalb verlange ich in diesem Stadium des Lernens in solchen Situationen noch kein Kommando. Die Schleppleine in der Hand warte ich ruhig ab, was der Hund für ein Verhalten zeigt. Bleibt er neutral, schaut hinterher und dann zu mir, wird das mit einem Leckerli bestätigt.

## RICHTIG BESTÄTIGEN

*Verhält sich der Hund neutral, das bedeutet, er steht ruhig, schaut hinterher und schaut mich dann ohne mein Zutun von sich aus an, wird dieser Blickkontakt sofort innerhalb von ein bis drei Sekunden mit einem Leckerli bestätigt.*

Zeigt der Hund deutlich Angstverhalten, bleibe ich ruhig, achte darauf, dass keine Spannung auf der Leine bzw. auf dem Geschirr ist, und warte einfach ab, bis er sich beruhigt hat. Wenn er sich schließlich ohne mein Zutun mir zuwendet, wird dies mit einem Leckerli bestätigt!
Geht der Hund hinterher, versucht er also hinterherzulaufen, mit welcher Absicht auch immer, stelle ich mich mit meiner Front vor ihn. Ich schüttele dabei den Kopf („Nein“) und mache dabei auch ein finsteres Gesicht. Reagiert der Hund, indem er stehen bleibt und mich anschaut, stelle ich mich wieder neben ihn und er kann

*Der Hund hat verstanden, dass Hinterherlaufen nicht erwünscht ist, und dreht um.*

entscheiden, ob er noch mal losläuft oder ruhig stehen bleibt und sich mit Blickkontakt mir zuwendet. Bleibt er bei mir, bestätige ich in Form eines Leckerlis, geht er noch mal hinterher, stelle ich mich ihm erneut deutlich mit Kopfschütteln „Nein“ in den Weg und gehe einen Schritt auf ihn zu! Spätestens jetzt weiß er, dass „hinterher“ nicht das ist, was gewünscht ist.

## Platz

Das Sichtzeichen für „Platz“ baue ich ebenfalls zunächst zu Hause in gewohnter, reizarmer Umgebung auf. Am einfachsten geht es zu Beginn aus der Sitz-Position heraus.
Der Hund sitzt und ich setze mich neben ihn. Ein Leckerli zwischen Daumen und Zeigefinger eingeklemmt und den Rest der Finger flach ausgestreckt, führe ich die Hand von der Schnauze des Hundes weg Richtung Boden. Wenn er aufsteht, korrigiere ich ihn in die Sitz-Position, allerdings gibt es dafür jetzt kein Leckerli, denn es könnte die Möglichkeit bestehen, dass er die Situation falsch verknüpft.
Nach mehrmaligen Versuchen, den Hund mit dem Leckerli nach unten Richtung Boden zu „ziehen“, wird er sich irgendwann durch Zufall hinlegen. In dem Moment, in dem er dazu ansetzt sich hinzulegen, geht innerhalb von ein bis drei Sekunden die Hand auf und er bekommt das Leckerli. Ich gebe ihm noch während er frisst das Auflösungszeichen mit einer Winkbewegung und stehe selbst wieder auf. Dies wiederhole ich auch mehrmals hintereinander und mache dann eine Pause, damit der Hund verarbeiten kann, was er eben gelernt hat.

*So sieht das eindeutige Zeichen für „Platz“ aus.*

Funktioniert dies ganz gut, probiere ich aus, ob der Hund auch versteht, was ich von ihm möchte, wenn ich vor ihm stehen bleibe. Ich nehme das Leckerli zwischen Daumen und Zeigefinger, die restlichen Finger sind flach

ausgestreckt und die Hand wird an der Schnauze des Hundes vorbei in Richtung Boden geführt.
Wann das nach mehrmaligem Wiederholen klappt, nehme ich das Leckerli in die linke Hand und zeige mit der flachen ausgestreckten Hand das „Platz"-Sichtzeichen. Legt sich der Hund hin, werfe ich ihm das Leckerli innerhalb von ein bis drei Sekunden zwischen die Vorderpfoten und noch während er kaut, kommt das Auflösungszeichen in Form der Winkbewegung.
Wenn ich das Gefühl habe, er weiß, was dieses Sichtzeichen bedeutet, arbeite ich ebenso weiter wie bei der „Sitz"-Übung:
Nachdem ich das Sichtzeichen für „Platz" gegeben habe und der Hund sich hingelegt hat, warte ich eine kurze Zeit und gebe dann erst das Leckerli und das Auflösungszeichen. Damit erreiche ich, dass der Hund in dieser Position länger ausharrt. Die Zeit, bis das Auflösungszeichen gegeben wird, kann nun allmählich verlängert werden.
Dann beginne ich damit, die „Platz"-Übung aus der Bewegung bzw. aus dem Stehen heraus zu üben. Dies ist sinnvoll, denn es gibt viele Hunde, die das „Platz" nur aus der Sitz-Position heraus beherrschen. Sie haben es schlichtweg so gelernt und auch so verknüpft.
Dazu nehme ich den Hund an eine normale 1-Meter-Leine, die ich in der linken Hand halte. Der Hund ist links von mir. Ich gehe ein paar Schritte und zeige ihm in der Bewegung mit der rechten Hand das „Platz"-Sichtzeichen. Ich selbst helfe körpersprachlich etwas mit, indem ich mich hinknie. Geht der Hund in die Platz-Position, bestätige ich innerhalb von ein bis drei Sekunden mit einem Leckerli.
Wie bei der Sitz-Position verlange ich auch noch kein „Platz" beim Spazierengehen mit starker Ablenkung wie durch Fahrradfahrer, Jogger, Autos usw. Dazu müssen die Übungen erst gefestigt werden!

Wie kann ich nun überprüfen, ob der Hund die Sichtzeichen für „Sitz" oder „Platz" verinnerlicht hat?
Ich stelle mich mit dem Rücken zum sitzenden Hund, strecke den Arm seitlich vom Körper weg und gebe das „Platz"-Sichtzeichen. Dabei schaue ich so unauffällig wie eben möglich nach hinten über die Schulter zum Hund zurück. Zeigt er keine Regung und bleibt sitzen, drehe ich mich etwas seitlich und gebe das Sichtzeichen erneut. Geht er in die Platz-Position, werfe ich ihm schnell ein Leckerli zwischen die Vorderpfoten. Dann löse ich die Übung auf, indem ich die Winkbewegung mache, streichle ihn kurz und versuche es noch einmal.
Dadurch, dass der Hund nun keine Möglichkeit hat, mein Gesicht zu sehen, sondern nur den Rücken, habe ich auch keine weitere Möglichkeit, mit Mimik auf ihn einzuwirken, wenn er nicht gleich nach dem Sichtzeichen in die Platz-Position geht. Hinzu kommt, dass er auch durch die veränderte Position (Rückenansicht) von mir genau herausfiltern muss, was ich von ihm möchte.
Dasselbe kann ich umgekehrt üben, also aus der Platz-Position in die Sitz-Position, indem ich mich wieder mit dem Rücken, diesmal aber zum liegenden Hund stelle. Dann strecke ich den Arm seitlich weg und gebe das Sichtzeichen

*Auf diese Art kann man kontrollieren, ob der Hund die Zeichen für „Platz" (a) oder „Sitz" (b) wirklich verinnerlicht hat.*

für „Sitz". Wieder schaue ich so unauffällig wie eben möglich über die Schulter, um zu kontrollieren, ob er in die Sitz-Position geht. Schon beim Bewegungsansatz nach oben drehe ich mich zu ihm um und er bekommt ein Leckerli noch während der Bewegung in die Sitz-Position. Ich löse die Übung mit der Winkbewegung auf, streichle ihn und versuche es noch einmal.

Diese Übung ist recht anspruchsvoll, da ich dem Hund keinerlei Möglichkeit gebe, mit mir über Blickkontakt zu kommunizieren, und er nur das Sichtzeichen für sich herausfiltern muss.

*Das Zeichen für „Bleib" baut man am besten zunächst aus der Sitz-Position auf.*

## Bleib

Das Sichtzeichen für „Bleib" ist die flache Hand, aufgerichtet, mit einer Bewegung gegen den Hund. Es bedeutet, er soll sich – egal in welcher Position er sich gerade befindet – nicht wegbewegen.

## „BLEIB“ IST SCHWER

*Es ist gerade für temperamentvolle Hunde sehr schwer, einfach da zu sitzen, später auch zu liegen oder zu stehen, und nicht hinter einem herkommen zu dürfen. Ich verwende dieses Zeichen, wenn ich mit den Hunden Suchspiele mache und mich dazu eben auch von den Hunden entferne, um ihre Spielzeuge zu verstecken. Außerdem kann ich daraus die sogenannte Distanzkontrolle aus dem Obedience aufbauen, was wir in unserer Freizeit recht gern machen.*

Dies baue ich zunächst aus der Sitz-Position auf, wobei der Hund mit einer 1-Meter-Leine angeleint ist. Der Hund sitzt vor mir, ich zeige ihm das „Bleib“-Sichtzeichen und gehe einen Schritt rückwärts, kehre dann sofort wieder zum Hund zurück und er bekommt ein Leckerli. Dies wiederhole ich mehrfach hintereinander, bevor ich nun bis drei zähle und dann erst wieder vor dem Hund stehe und ihn bestätige.
Wenn der Hund aufsteht und hinter mir herläuft, bringe ich ihn exakt zu der Position zurück, an der er saß. Er wird korrigiert und es gibt dafür kein Leckerli. Dann probiere ich es einfach noch mal. Steht er wieder auf, gehe ich nur einen Schritt rückwärts und sofort zum Hund zurück, ohne kurz zu warten, und bestätige ihn mit einem Leckerli. Auch überdenke ich, ob der Hund eventuell kopfmäßig müde ist, und höre mit dieser Übung für heute mit einem positiven Ende auf.

*So sieht die Distanzkontrolle aus der Bewegung heraus aus.*

## Steh

Die Steh-Übung ist am einfachsten aus der Platz-Position aufzubauen. Der Hund liegt im Platz, ich stehe vor ihm und habe ein Leckerli in der rechten Hand zwischen Daumen und Zeigefinger eingeklemmt. Dann führe ich mit der seitlich und flach ausgestreckten Hand eine Aufwärtsbewegung durch. Der Hund wird aufstehen und versuchen, an das Leckerli zu gelangen. In dem Moment, in dem er aufsteht, bekommt er das Leckerli aus meiner rechten Hand. Dabei muss ich schnell sein, damit ich ihn nicht für das Nach-vorne-Laufen bestätige.
Dies wird ebenfalls mehrfach wiederholt, bis ich dazu übergehe, das

*Das „Steh“ bringt man dem Hund am besten aus der Platz-Position heraus bei. Die Bestätigung erfolgt mit Leckerlis.*

Leckerli aus der linken Hand zu geben und nur das „Steh“-Sichtzeichen mit der rechten Hand zu zeigen. Zudem achte ich darauf, dass der Hund möglichst nahe vor mir liegt, um zu vermeiden, dass er zu weit nach vorne läuft, und er möglichst schnell verstehen kann, was ich von ihm möchte.
Wenn es aus der Platz-Position heraus gut funktioniert, übe ich es aus der Sitz-Position. Das klappt meist sehr schnell. Auch ich achte darauf, dass ich anfangs sehr dicht vor dem Hund stehe.

Danach behelfe ich mir mit der Leine als räumliche Barriere, um eine Distanz zwischen mir und dem Hund zu erschaffen.
Ich lasse den abgeleinten Hund in der Platz-Position liegen und lege die Leine vor die Vorderpfoten des Hundes auf den Boden. Dann gehe ich einen großen Schritt rückwärts und gebe das „Steh“-Sichtzeichen mit der rechten Hand. Steht der Hund auf, werfe ich ihm das Leckerli aus der linken Hand entgegen. Das muss recht schnell gehen, da ich ja nicht möchte, dass er auf mich zukommt, sondern dass er hinter der Leine bleibt.

Nach und nach kann ich nun die Distanz zum Hund vergrößern und auch versuchen ohne Leine zu üben. Ich bestätige nun, je nach Hund und seinen Vorlieben, ab und zu, indem ich ihm den Ball oder den Futterbeutel entgegenwerfe. Das macht das ganze Üben zu einem gemeinsamen, spannenden Spiel und es wird dem Hund nie langweilig, da er nie weiß, was als Nächstes passiert und mit was er für das richtige Ausführen bestätigt wird.

*Die Leine kann als Hilfsbarriere dienen, damit der Hund den Abstand einhält.*

*So sieht die korrekte Steh-Position auf Entfernung aus.*

## Komm

Für das Kommen habe ich zwei unterschiedliche Sichtzeichen, und zwar eins für das schnelle und eins für das langsame Herankommen.

Um das **schnelle Herankommen** aufzubauen, setze ich den Hund in etwa 3 Meter Entfernung ab und gehe rückwärts vom Hund weg. Dann mache ich mit der rechten Hand eine einladende „Komm"-Bewegung. Auch achte ich darauf, dass meine Mimik freundlich ist, um den Hund nicht zu verunsichern. Wenn sich der Hund nun auf mich zubewegt, gehe ich zügig rückwärts und locke ihn weiter. Damit erreiche ich, dass er sein Tempo aufbaut und schnell hinter mir herkommt. Sobald er mich erreicht hat, bekommt er innerhalb von ein bis drei Sekunden ein Leckerli oder ich werfe ihm das Spielzeug, allerdings nicht ihm entgegen, sondern weiter in seine Laufrichtung. Damit erreiche ich, dass der Hund sein Tempo nicht verringert. Dieses Sichtzeichen ist auch das Zeichen, das ich im Alltag für das Herankommen verwende.

Für das **langsame Herankommen,** das ich nur als Beschäftigungstherapie bzw. beim Dogdance benötige, erfolgt das „Komm"-Sichtzeichen nur mit dem rechten Zeigefinger. Aufgebaut wird das Sichtzeichen, indem ich den Hund wieder etwa 3 Meter entfernt absetze und mich rückwärts von ihm entferne. Ich mache die „Komm"-Bewegung mit dem rechten Zeigefinger, achte wieder auf eine freundliche Mimik, aber entferne mich nicht rückwärts vom Hund, sondern bleibe aufrecht, etwas angespannt stehen. Durch die leicht bedrohlich wirkende Körpersprache von mir wird der Hund anfangs nur langsam und zögerlich auf mich zukommen. Kurz bevor er bei mir ist, werfe ich ihm das Leckerli entgegen oder wir spielen zusammen.

*Das schnelle Herankommen sollte in beide Richtungen geübt werden, also nach rechts mit der rechten Hand (a,b) und nach links mit der linken Hand (c,d).*

Das **Herankommen in Kombination mit dem Dableiben** benötige ich, wenn ich den Hund nicht anleinen möchte, aber will, dass er sich in meiner Reichweite aufhält. Je nachdem auf welche Seite er kommen soll, winke ich ihn entweder mit links oder rechts zu mir her. Auch dieses Sichtzeichen baue ich zu Beginn mit Schleppleine und Geschirr auf, allerdings halte ich dabei die Leine nicht in der Hand, sondern lasse sie am Boden hinter dem Hund her schleifen.

Ich winke den Hund, wenn er zufällig beim Spazierengehen nach mir schaut, mit der linken Hand zu mir. Dann zeige ich mit ausgestrecktem linken Zeigefinger links neben mich, gehe dabei aber weiter. Kommt der Hund zu mir und läuft links neben mir her, bekommt er ein Leckerli.

Versucht er schneller zu werden, stoppe ich ihn, indem ich auf die Schleppleine trete, ein paar Schritte rückwärts gehe und ihm noch einmal das Sichtzeichen

*So sieht der Ablauf der Übung „Herankommen mit Dableiben" aus.*

für „Herankommen und Dableiben" gebe, auch schaue ich dabei etwas strenger! Später, wenn der Hund ohne Schleppleine läuft, gehe ich hin und wieder etwas langsamer, dann mal wieder schneller, um zu überprüfen, ob er verstanden hat, was ich von ihm erwarte.

Dasselbe baue ich auch auf der rechten Seite auf, da ich möchte, dass der Hund lernt, rechts und links neben mir zu laufen und sich auch auf beiden Seiten wohlfühlt.
Dann gehe ich dazu über, dies ohne Schleppleine zu üben. Wenn der Hund nun versucht schneller zu werden, tippe ich ihn mit dem Zeigefinger an, schüttele dabei den Kopf („Nein!"), gehe wieder ein paar Schritte rückwärts und zeige das Sichtzeichen für „Herankommen und Dableiben" mit der jeweiligen Hand. Durch das Rückwärtsgehen erreiche ich, dass der Hund zu mir kommt und nicht ich

zu ihm. Dabei unterbreche ich auch sein Tun, mit dem er schneller nach vorne kommen wollte. Wie oben ändere ich auch hierbei immer mal wieder das Tempo, wenn der Hund ohne Schleppleine läuft, um zu kontrollieren, ob er diese Übung verstanden hat.
Wenn er sich wieder frei bewegen darf, bekommt er das Auflösungszeichen in Form einer Winkbewegung.

## Leinenführigkeit

Bei der Leinenführigkeit ist mir persönlich wichtig, dass der Hund nicht an der Leine zieht, und zwar **nie** – ganz egal, wie lang die Leine ist! Dabei achte ich auch darauf, dass ich die Leine nicht um die Hand wickle. Ich möchte, dass der Hund ein Gefühl dafür bekommen kann einzuschätzen, wie lang seine Leine ist. Außerdem bedeutet Leine in der rechten Hand, auf der rechten Seite laufen, und Leine in der linken Hand, auf der linken Seite laufen. Dies hat auch den Vorteil, dass man dem unnötigen und nervenden Leinengewurschtel vorbeugen kann, wenn man mehrere Hunde besitzt.

### DIE RICHTIGE SEITE

*Wenn der Hund rechts oder links bei mir an der Leine läuft, muss er mich nicht anschauen und korrekt auf Kniehöhe neben mir laufen. Ich möchte nur nicht, dass er zieht, und er soll auf der Seite bleiben, auf der ich die Leine halte.*

Am geeignetsten zum Üben ist eine 1-Meter-Leine. Solange der Hund noch nicht zuverlässig an der lockeren Leine geht, trägt er bei mir ein Geschirr, falls er doch einmal in die Leine rennt, da ich nicht möchte, dass er sich an der Halswirbelsäule verletzt. Wenn das Laufen an der Leine ordentlich funktioniert, tausche ich das Geschirr gegen ein Halsband aus.
Ich nehme die Leine in die linke Hand und laufe los. Sobald leichte Spannung auf dem Geschirr ist, bleibe ich stehen und warte ab, was der Hund macht. Kommt er zu mir zurück und stellt sich auf die linke Seite, gehe ich weiter. Bleibt er stehen und schaut mich nur an oder ist eventuell auch unaufmerksam, gehe ich drei Schritte rückwärts und zeige ihm mit der linken Leinenhand, was ich möchte, nämlich dass er links neben mich kommt. Stellt er sich links neben mich, laufe ich weiter. Ich bestätige dabei nicht mit Leckerlis, da das Weitergehen bereits eine Bestätigung ist.
Versucht der Hund an der Leine vor mir nach rechts zu ziehen, stelle ich mich, mit ernster Miene und kopfschüttelnd, in den Weg. Wenn er innehält und mich anschaut, bewege ich mich wieder rückwärts und zeige ihm mit der linken Leinen-

*Es ist wichtig, dass der Hund sowohl links (a) als auch rechts (b) an der lockeren Leine läuft.*

hand, wo ich ihn haben möchte. Durch das Rückwärtsgehen meinerseits erreiche ich, dass der Hund sich selbst korrigieren muss und ich ihn nicht mit der Leine zurückzuziehen brauche, denn dabei würde er nichts lernen.

Dasselbe gilt für den Aufbau der Übung auf der rechten Seite. Mir ist es wichtig, dass der Hund sich auf beiden Seiten an der Leine wohlfühlt, da es Situationen im Alltag gibt, in denen er auch rechts an der Leine laufen muss. Wenn mich der Hund nach rechts zieht, weil es da ja so furchtbar wichtige Dinge zu „lesen“ gibt, gehe ich nach links weg, zieht er mich nach links, gehe ich nach rechts.

Ich tue also genau das Gegenteil von dem, was er möchte. Es ist also nichts anderes als das, was er mit mir macht. Allerdings ziehe ich ihn nicht ruckartig an der Leine hinterher, sodass es gar nicht erst zu einem Kräftemessen kommt. Er darf schnuppern, aber nicht, wenn er mich hinterherzieht.

## TEMPOWECHSEL

*Mit ist aufgefallen, dass man sich bei diesen Übungen häufig einen gewissen Schritt aneignet und der Hund ebenso. Darum mache ich häufig einen Tempowechsel, das heißt, ich laufe mal ganz langsam, dann wieder flotter und wieder ganz normal. Das macht Spaß, der Hund muss sich konzentrieren und es erhöht wiederum seine Aufmerksamkeit für mich.*

Leinenführigkeit ist eine konsequente Angelegenheit! Es gilt, immer konsequent darauf zu bestehen, dass der Hund nicht an der Leine zieht. Das kann manchmal sehr anstrengend sein, aber es lohnt sich!

*Der Hund soll auf beiden Seiten locker an der Leine laufen. Hier ist der Ablauf zu sehen, wie man den Hund von der rechten auf die linke Seite nimmt, ohne dass man an der Leine zieht.*

## Anleinen

Zu diesem Thema möchte ich noch eine kleine Anmerkung machen: Ich achte beim Anleinen darauf, dass ich dem Hund nicht hinterherlaufen und ihn einfangen muss, sondern dass er wirklich von sich aus ganz zu mir herkommt und stehen bleibt!
Wenn er sich doch ein paar Schritte nach vorne bewegt, gehe ich ein paar Schritte rückwärts. So muss er hinter mir herkommen und ich laufe ihm nicht nach!

## Ableinen

Das Ableinen passiert mit großer Sorgfalt. Ich schaue mich kurz um, nicht angespannt, damit ich keinen Druck auf den Hund übertrage, aber ich verhalte mich vorrausschauend, um nicht von Situationen wie zum Beispiel einem herannahenden Fahrradfahrer überrascht zu werden.
Ich greife an den Karabiner der Leine und warte, bis mich der Hund anschaut. Erst wenn wir Blickkontakt haben, mache ich ihn los und hänge mir die Leine über die Schulter. So lange muss er bei mir warten. Ob er sich dabei hinsetzt oder stehen bleibt, ist mir egal, ich möchte nur, dass er wartet, bis er die Winkbewegung als Auflösungszeichen von mir bekommt. Läuft er los, ohne dass ich das Kommando aufgelöst habe, muss ich schnell sein. Dann stupse – wirklich nur stupsen, das

reicht völlig aus – ich ihn mit dem Finger am Oberschenkel oder Rücken an, um seine Handlung zu unterbrechen, und leine ihn, ohne ihn weiter zu beachten, wieder an. Ich lasse ihn ein paar Meter angeleint laufen, damit er „überlegen" kann, warum er jetzt nicht frei laufen darf. Dann halte ich erneut an und versuche es noch einmal. Und meistens klappt es jetzt, dass er erst mal abwartet.

*Erst wenn der Hund den Blickkontakt sucht, darf er abgeleint werden.*

## Bei-Fuß-Gehen

Das Bei-Fuß-Gehen bedeutet, dass der Hund dicht links auf Kniehöhe, möglichst mit dauerhaftem Blickkontakt, neben mir laufen soll. Als „Fuß"-Sichtzeichen klopfe ich mit der linken Hand gegen meine linke Hüfte.

Beim Aufbau dieser Übung nehme ich den Hund an eine 1-Meter-Leine. Ich halte die Leine in der rechten Hand und nehme mehrere Leckerlis in die linke Hand. Nun laufe ich los und klopfe mit der linken Hand gegen meine linke Hüfte. Wenn der Hund in korrekter Stellung neben mir herläuft, bekommt er in dem Moment, in dem er mich anschaut, ein Leckerli aus meiner linken Hand.

*Die linke Hand zeigt das Sichtzeichen für das „Bei-Fuß-Gehen".*

Zu Beginn achte ich darauf, dass es nur kurze Sequenzen von drei bis fünf Schritten sind, bis ich den Hund in der Bei-Fuß-Position bestätige, da ich nicht möchte, dass er den Spaß verliert. Außerdem ist es auch sehr anstrengend. Ab und zu hole ich auch das Spielzeug zum Bestätigen aus der Tasche und es gibt eine gemeinsame Spielrunde. Das fördert die Aufmerksamkeit.

Erst wenn der Hund verstanden hat, was er tun soll, wenn ich auf meine linke Hüfte klopfe, beginne ich damit, die Leine in die linke Hand zu nehmen und Leckerlis aus der Tasche zu geben. Dabei ist es wichtig, dass die Leckerlis abwechselnd aus der linken und rechten Tasche kommen, um einem schrägen, leicht vordrängenden Bei-Fuß-Gehen vorzubeugen. Denn das gewöhnen sich Hunde schnell an, wenn man nur aus der rechten Tasche Leckerlis füttert.

## Aussteigen aus dem Auto

Aus dem Auto auszusteigen ist eine ganz spannende Übung, auch für hörende Hunde (einfach mal ausprobieren). Für mich ist es sehr wichtig, dass der Hund erst aus dem Auto springt, wenn er das Auflösungskommando dafür erhalten hat, und nicht sofort, wenn sich die Tür öffnet. Auch das muss geübt werden.
Hierfür stelle ich mich vor die Heckklappe des Autos und fasse an den Griff, um die Tür zu öffnen. Wenn der Hund nun den Kopf nach unten nimmt und gespannt wartet, dass die Tür aufgeht, nehme ich die Hand vom Griff weg und drehe mich seitlich weg. Der Hund wird verdutzt den Kopf wieder hochnehmen, vielleicht an der Tür kratzen oder bellen. Von mir kommt keine Regung, ich schaue ihn nicht an (Ignorieren!).
Ist er still und setzt sich vielleicht von sich aus hin, ohne dass ich ihm ein Sichtzeichen gegeben habe, drehe ich mich wieder zu ihm hin und meine Hand geht erneut Richtung Türgriff. Versucht er wieder, nach vorne zu prellen, und wartet hektisch darauf, dass die Klappe endlich aufgeht, lasse ich den Griff wieder los, drehe mich weg und warte ab, was mir der Hund an positivem Verhalten von sich aus anbietet.
Verhält er sich still und bleibt ruhig, geht die Klappe schließlich langsam auf. Versucht er herauszuspringen, ohne dass ich ihn in Ruhe angeleint und ihm das Auflösungszeichen in Form einer Winkbewegung gegeben habe, geht die Klappe wieder zu, wobei ich natürlich aufpasse, dass ich dem Hund dabei nicht die Füße in der Klappe einklemme!

*Der Hund muss ruhig im Auto warten und den Blickkontakt suchen (a). Erst wenn er das Zeichen dafür bekommt (b), darf er aussteigen.*

Ich drehe mich erneut vom Auto weg und warte kurz ab. Dann beginnt das Ganze von vorne, sobald sich der Hund still verhält. Springt er doch raus und ist schneller als ich, nehme ich ihn am Geschirr und er muss noch einmal ins Auto. Es ist sehr spannend zu erleben, wie der Hund beginnt „mitzudenken“. Auf eine von ihm gezeigte Handlung folgt entweder eine positive Reaktion von mir oder sein Verhalten wird ignoriert und er kommt nicht an sein Ziel, das heißt aus dem Auto raus.
Ich erreiche damit, dass der Hund lernt, von sich aus ruhig abzuwarten, bis ich ihn im Auto angeleint habe, er das Auflösungszeichen von mir bekommt und kontrolliert aus dem Auto springen darf. Dann beginnt unser gemeinsamer Spaziergang schon entspannter, harmonischer und ruhiger.

## Sitz und Platz aus der Entfernung

Im Alltagsleben mit einem tauben Hund muss man in manchen Situationen vorrausschauender agieren als mit einem hörenden Hund. Kommt zum Beispiel von hinten ein Fahrradfahrer und der Hund ist weiter vorne am schnüffeln, kann ich ihn nicht einfach herrufen. Solche Situationen können dann ganz schön aufregend und auch gefährlich sein. Ich hatte mir lange überlegt, ob ich mir für solche Situationen ein Vibrationshalsband zulegen sollte, bin dann (wie schon anfangs erwähnt) aber wieder davon abgekommen und hatte mich stattdessen dafür entschieden, meinem Hund das Sitz und Platz aus der Entfernung beizubringen. Wenn der Hund schon das Sichtzeichen für „Sitz“ beherrscht, ist es eigentlich gar nicht so schwer, ihm diese Übung beizubringen. Ich kann sie mit oder ohne Schleppleine beim Spazierengehen durchführen.

Wenn der Hund nach mir schaut, zeige ich ihm das Sichtzeichen für „Sitz“, gehe aber weiter in seine Richtung. Der Hund wird nun vermutlich versuchen zu mir zu kommen, er hat ja bisher nur gelernt, „Sitz“ in meiner Nähe auszuführen.
Nun gehe ich rückwärts, vergrößere die Distanz zu ihm und gebe das Sichtzeichen für „Sitz“ mehrmals hintereinander, auch übertrieben, indem ich mich ganz groß mache, meinen Körper nach oben strecke und auf Zehenspitzen laufe. Irgendwann wird der Hund sich etwas verdutzt hinsetzen. Dann bleibe ich stehen und

*Das „Sitz“ aus der Entfernung ist später für den Alltag wichtig.*

*Nicht selten nehmen die tauben Hunde die Sitz-Position schneller ein als die hörenden Hunde, da sie nicht durch Umweltgeräusche abgelenkt werden.*

*Das „Platz" aus der Entfernung wird wie die Sitz-Übung aufgebaut.*

es fliegt innerhalb von ein bis drei Sekunden nach dem Hinsetzen dem Hund ein Leckerli entgegen.

Dies übe ich mehrmals hintereinander und achte nun darauf, dass ich mich nicht mehr so weit rückwärts vom Hund wegbewegen muss und der Hund sich schneller hinsetzt. Auch muss ich dann nicht mehr ein ganz so übertriebenes „Sitz"-Sichtzeichen geben.

Wenn ich mit unseren vier Hunden unterwegs bin und gerate in die Situation, dass zum Beispiel ein Radfahrer von hinten kommt, sitzen die zwei tauben Hunde schneller auf Entfernung als die zwei hörenden Hunde! Ich gehe davon aus, dass zusätzlich das Geräusch des Fahrrads eine Ablenkung für die hörenden Hunde ist und sie daher erst noch kurz schauen müssen, was dort los ist, bevor sie sich hinsetzen. Die tauben Hunde schauen zu mir, bekommen das Sichtzeichen für „Sitz", setzen sich und schauen sich erst dann um.

Beim Sichtzeichen für „Platz" auf Entfernung gehe ich ähnlich vor. Schaut der Hund nach mir, bekommt er das „Platz"-Sichtzeichen, ich gehe aber ganz normal weiter. Versucht er zu mir zu kommen, gehe ich rückwärts und vergrößere wiederum die Distanz zu ihm. Legt er sich hin, werfe ich ihm innerhalb von ein bis drei Sekunden das Leckerli zwischen die Vorderpfoten und bleibe gleichzeitig stehen.

## RICHTIGES TIMING

*Diese immer wieder erwähnten ein bis drei Sekunden sind deshalb so wichtig, weil der Hund die Bestätigung (in Form von einem Leckerli oder auch einem Spiel) immer nur mit seiner letzten Handlung, die auch nicht zu weit zurückliegen darf, verknüpft.*
*Hier ein Beispiel:*
*Ich möchte, dass mein Hund zu mir herkommt, und ihn für das Kommen mit einem Leckerli oder Spiel bestätigen. Der Hund kommt auf das geforderte Kommando und setzt sich vor mich. Wenn ich nun bestätige, bestätige ich das Sitzen, denn das ist die letzte Handlung, die der Hund ausgeführt hat. Also muss ich, wenn ich das Herkommen bestätigen will, schneller sein und noch vor dem Sitzen bestätigen.*

## Bestätigung und Konzentration

Bestätigung und Konzentration sind ein ganz wichtiges Thema. Meine Erfahrung – nicht nur mit tauben Hunden – hat mich gelehrt, dass es beim Üben neuer Dinge und auch Kommandos sehr wichtig ist, nicht nur das Ziel zu sehen und zu bestätigen, sondern bereits die kleinen Teilschritte in die richtige Richtung zu loben.
Als Beispiel möchte ich nennen: Der Hund soll lernen, auf eine Bank zu springen. Das ist das Ziel und im Normalfall bestätige ich, wenn er hochgesprungen ist und alle vier Pfoten auf der Bank sind.
Einen hörenden Hund kann ich mit der Stimme motivieren und so auch einen unsicheren Hund dazu bewegen, dass er sich doch traut hochzuspringen. Bei einem tauben Hund geht das nicht. Hier bestätige ich schon, wenn er versucht, die erste Pfote vorsichtig auf die Bank zu stellen, auch wenn er dann Leckerli kauend wieder auf den Boden zurückgeht. Er wird es erneut versuchen, da er ja schon für einen Teilschritt in die richtige Richtung belohnt wurde und Bestätigung bekommen hat. Hunde lernen am Erfolg.
Nun bekommt er das Leckerli erst, wenn er beide Vorderpfoten auf die Bank stellt, auch hier ist mir erst mal egal, ob er die Pfoten dann wieder

*Schon kleine Teilschritte sollten immer wieder bestätigt werden, damit der Hund motiviert bleibt.*

herunternimmt. Ich locke ihn nochmals hoch, klopfe mit der flachen Hand auf die Bank, zeige ihm das Leckerli in der Hand und irgendwann wird er sich trauen, mit allen Pfoten auf die Bank zu springen. Dann gibt es einen Jackpot, in dem Fall vier bis fünf Leckerlis, und danach vielleicht noch ein gemeinsames Spiel. Auch an meiner Mimik kann der Hund erkennen, dass er es toll gemacht hat, denn ich achte darauf, ein entspanntes und freundliches Gesicht aufzusetzen.

Im Grunde ist es egal, was ich dem Hund beibringen möchte, die kleinen Teilschritte zum Ziel zu bestätigen und zu loben, erhöht die Bereitschaft des Hundes, freudig und motiviert neue Dinge zu erlernen.
Immer mal wieder hatte ich festgestellt, dass bereits Gelerntes, was gut funktionierte, an einem Tag überhaupt nicht mehr klappte. Der Hund wurde beim Training unruhig und hibbelig, schaute zeitweise in eine ganz andere Richtung und ignorierte mich, wenn ich etwas von ihm wollte.

Auch hier hat mir Merlin deutlich gemacht, dass es sinnvoll ist, mein Handeln an diesem Punkt zu überdenken, anstatt ärgerlich zu werden oder zu meinen, der muss das doch jetzt machen, der kann das doch schon. Ich musste darüber nachdenken, warum der Hund mich heute nicht verstehen kann oder gewisse Situationen, die sonst kein Problem mehr waren, nicht „aushalten“ konnte. Dabei habe ich festgestellt, dass je nach Tagesverfassung und auch Tagesablauf gewisse Konzentrationsschwankungen auftreten können.

## WENIGER IST MANCHMAL MEHR

*Nicht jeder Tag ist gleich, auch bei uns nicht, und dies gestehe ich auch den Hunden zu. Wenn ich bemerke, dass mein Hund bei einer Übung überfordert ist, obwohl er es sonst kann und mit Spaß ausführt, und sich zum Beispiel abwendet, breche ich diese Übung ab und lasse ihn eine leichte Aufgabe erledigen, von der ich sicher bin, er wird und kann es ausführen. Die Übung, die heute nicht funktioniert hat, wiederhole ich einfach morgen noch mal. Häufig klappen Übungen nach einer „Denkpause“ dann auf einmal ohne Probleme. An manchen Tagen ist weniger einfach mehr!*

# Der Alltag mit einem tauben Hund

Nachdem die wichtigsten Grundübungen aufgeführt wurden und ich beschrieben habe, wie man sie am besten mit einem tauben Hund umsetzt, kommen wir nun zum Alltag mit einem gehörlosen Hund. Auch hier gibt es viele Dinge zu beachten, die einfach anders sind als mit einem hörenden Hund und auf die man sich beim täglichen Umgang einstellen muss.

*Im Alltag muss man vorausschauender sein als sein Hund – besonders wenn er altersbedingt kaum noch etwas hört.*

## Stubenreinheit

Die Sache mit der Stubenreinheit und wie man einen Hund stubenrein bekommt, funktioniert eigentlich nicht viel anders als bei einem hörenden Hund. Hier gilt genauso die Grundregel: Wenn der Hund geschlafen hat, wenn er gefressen hat und wenn er gespielt hat, muss er raus.
Wenn er sich draußen gelöst hat, sollte man ein freundliches Gesicht aufsetzen und ihn streicheln, möglichst seitlich am Hals, da manche Hunde auf das Auf-den-Kopf-Tatschen eher unsicher reagieren. Und mal ganz ehrlich: Wir fänden es

*Wenn der Welpe sein „Geschäft“ richtig gemacht, sollte man ihn lobend von der Seite und nicht von oben streicheln.*

auch nicht angenehm, wenn uns jemand auf dem Kopf herumtätschelt und uns damit zeigen will, dass wir etwas gut gemacht haben, oder?

Wenn im Haus doch ein Malheur passieren sollte, holt man kommentarlos eine Küchenrolle, putzt alles weg und beachtet dabei den Hund überhaupt nicht.

Bitte nicht in irgendeiner Form den Hund bestrafen, denn das verunsichert ihn nur unnötig!

Nachts habe ich mir angewöhnt, dem Hund ein Glöckchen um den Hals zu binden, damit ich bemerke, wenn er unruhig wird in seiner Hundebox, an die er schon gewöhnt ist (siehe unten) und die neben meinem Bett steht. So kann ich ihn aus der Box nehmen und auf direktem Wege nach draußen bringen, damit er dort sein Geschäft verrichten kann.

Natürlich kann es passieren, dass mit zunehmendem Alter des Hundes auch hier gewisse Probleme auftreten.

Ich hatte folgendes Erlebnis: Mein Hund wollte mitten in der Nacht in den Garten, um sein Geschäft zu verrichten, und ich stand im Schlafanzug in der Kälte, um auf den Hund zu warten, aber er kam nicht. Stattdessen rannte er mit einem Stock im Maul an mir vorbei und hatte Spaß. Rufen war zwecklos, denn er ist taub! Und nun?

In der nächsten Nacht ging es an der Schleppleine in den Garten.

## Gewöhnen an die Hundebox

Die Hundebox ist für viele Hunde ein willkommenes Rückzugsgebiet. Und wie gerade beschrieben, ist sie auch sehr praktisch, wenn man den Hund nachts neben seinem Bett dadurch unter Kontrolle hat. Außerdem ist die Box auch ideal dafür geeignet, den Hund sicher im Auto zu transportieren, oder als Aufenthaltsort, wenn der Hund mal allein bleiben soll. Somit ist es auf alle Fälle sinnvoll, auch den tauben Hund an die Hundebox zu gewöhnen. Viele Hunde ziehen sich ohnehin gern in dieses höhlenartige Gebilde zurück.

Ich beginne damit, dass der Hund sein Futter im Futternapf in die Box gestellt bekommt. Ich schiebe den Napf dabei ganz nach hinten, mache die Tür aber nicht zu. Dies baue ich über vier bis fünf Tage so auf, ohne dass etwas anderes passiert, als dass er dort sein Futter erhält.

Nach den vier oder fünf Tagen schließe ich die Tür, wenn der Hund hineingegangen ist, und bleibe davor stehen, um zu sehen und zu hören, wann er mit dem Fressen fertig ist. Wenn er sich nun in der Box umdreht und Richtung Tür kommt, mache ich die Tür auf, sodass er bewusst mitbekommt, dass die Tür heute zu war. Dies wiederhole ich ebenfalls über drei bis vier Tage.

*Anfangs sollte der Hund seine Box immer mit etwas Positivem – wie hier mit etwas Leckerem zum Kauen – verknüpfen.*

Dann gehe ich dazu über, den Hund mit einer entsprechenden Handbewegung in die Box zu schicken. Den Futternapf habe ich sichtbar bereitgestellt und wenn der Hund hineingeht, bekommt er den Futternapf in die Box gestellt und die Tür geht zu.
Wieder bleibe ich ein- bis zweimal dabei stehen und öffne die Tür sofort, wenn er mit dem Fressen fertig ist.
Wenn das alles gut klappt und ich auch den Eindruck habe, der Hund fühlt sich sicher in der Box, bekommt er sein Futter, die Tür geht zu und ich verlasse den Raum und warte einige Minuten ab.
Nun gibt es zwei Varianten, die eintreten können:
Entweder der Hund wartet ruhig ab, was passiert, und sitzt mit treuem Blick hinter der Gittertür, bis sie wieder aufgeht.
Oder der Hund fängt an zu fiepen, zu heulen, zu bellen und an der Boxentür zu kratzen, wenn er fertig gefressen hat und bemerkt, dass die Tür zu ist. Bei dieser Variante heißt es aufzupassen. Ich warte bis zu dem Moment, in dem der Hund kurz still ist, und gehe dann in den Raum. Fängt er dann wieder an zu kratzen oder zu bellen, bleibe ich stehen und drehe mich weg. Ist er still, gehe ich auf die Box zu, macht er weiter, bleibe ich erneut stehen, drehe mich wieder weg und vergrößere je nach seinem Verhalten sogar noch den Abstand zur Box, indem ich mich wieder weiter entferne. Je nach Hund kann das durchaus ein Geduldsspiel werden.
Wenn ich den Hund aber rauslassen würde, wenn er so in der Box randaliert, würde er lernen: Je lauter und unmöglicher ich mich benehme, desto schneller kommt das Fraule/Herrle und lässt mich raus!
Genau das will ich aber vermeiden. Darum warte ich, bis er sich ruhig verhält, und gehe dann erst auf ihn zu.
Der nächste Schritt dieser Übung ist dann, dass ich den Hund reinschicke, ihm einen Kauartikel gebe und die Tür schließe. So kann er sich einige Zeit in der Box mit etwas Positivem beschäftigen und ich bin dabei immer wieder in der Nähe.
Was ich ganz interessant finde, ist die Tatsache, dass die Hunde häufig sogar beim Kauen einschlafen.
Wie beschrieben ist es an sich nur sehr wichtig, dass der Hund nur dann raus darf, wenn er sich ruhig verhält, sonst lernt er etwas Falsches.

## Alleinbleiben

Auch das Alleinbleiben ist eine wichtige Übung für den Alltag, mit der man so früh wie möglich beginnen sollte. Hierbei ist es wichtig, dass man das Haus ganz bewusst verlässt. Der Hund soll ruhig mitbekommen, dass ich aus dem Haus gehe, und auch lernen und akzeptieren, allein zu bleiben.
Zu Anfang gehe ich nur aus der Tür raus und komme gleich wieder rein. Wenn der Hund an mir hochspringt, drehe ich mich weg und laufe einfach an ihm vor-

bei. Bleibt er ruhig und beobachtet mich nur, warte ich kurz, winke ihn her und streichle ihn.
Dann gehe ich gleich noch mal zur Tür raus, zähle bis fünf und gehe nur wieder rein, wenn er sich ruhig verhält. Fiept, bellt oder kratzt er an der Tür, warte ich den Moment ab, in dem er sich ruhig verhält, und gehe dann – ohne ihn zu beachten – in die Wohnung. Ich warte wieder ab, bis er sich beruhigt hat, winke ihn her und streichle ihn ganz kurz.

## GEDULDSSPIEL

*Zu Anfang ist das ein ziemliches Geduldsspiel, vor allem wenn der Hund bereits Verlustangst aufgebaut hat. Ich versuche beim Üben selbst sehr ruhig zu bleiben, um dem Hund zu vermitteln, dass es überhaupt nichts Besonderes ist, wenn ich aus der Tür gehe.*

Es bietet sich auch zu Hause an, ganz bewusst die Türen hinter sich zuzumachen und den Hund nicht in jeden Raum mitzunehmen. Auch hier gilt, die Tür ist erst wieder zu öffnen, wenn der Hund weder bellt, fiept noch an der Tür kratzt. Wenn er still ist, öffnet man die Tür und läuft einfach am Hund vorbei, damit er irgendwann lernt, dass geschlossene Türen überhaupt nichts Schlimmes sind und es auch ganz normal ist, wenn er uns nicht ständig sehen kann.

*Das Gewöhnen ans Alleinbleiben muss mit einem tauben Hund genauso geübt werden wie mit einem hörenden Hund.*

Würde ich ihn jedes Mal, wenn ich wieder zurückkomme, sofort bestätigen und belohnen, würde ich ihm ganz klar vermitteln, dass es etwas Besonderes sein muss, wenn ich weggehe, und gerade das möchte ich vermeiden.

## Abgewöhnen von unerwünschtem Verhalten

Auch taube Hunde gewöhnen sich manchmal Verhaltensweisen an – aus welchem Grund auch immer –, die nicht erwünscht sind. Im Folgenden wird anhand von zwei Beispielen aus dem Alltag beschrieben, wie man einem tauben Hund solche Unarten abgewöhnen kann.

### Staubsauger anfallen und in den Handfeger beißen

Das hört sich erst mal lustig an, ist es aber nicht! Denn es ist für den Hund ein Spiel, bei dem er selbst die Regeln aufstellt.

Wenn sich der Hund bellend vor mich hinstellt, sobald ich den Staubsauger oder den Handfeger in die Hand nehme, schüttele ich den Kopf („Nein“), gehe energisch mit fixierendem Blick auf ihn zu und schicke ihn mit einer winkenden Handbewegung weg. Allerdings lege ich den Staubsauger oder den Handfeger dabei nicht aus der Hand, denn der Hund soll nicht meinen, dass ich mit der Arbeit aufhöre, wenn er sich so aufführt.

Wenn der Hund zurückweicht, setze ich meine Tätigkeit fort, ohne ihn weiter zu beachten. Kommt er wieder und versucht vielleicht in meine Utensilien reinzubeißen, stupse ich ihn an der Schulter an und gehe erneut einen Schritt auf ihn zu mit fixierendem Blick und angespanntem Körper und schüttele dabei den Kopf („Nein“!). Wieder lege ich das Werkzeug nicht aus der Hand, sonst besteht die Gefahr, dass er sich das noch klaut – und außerdem gehört es mir.

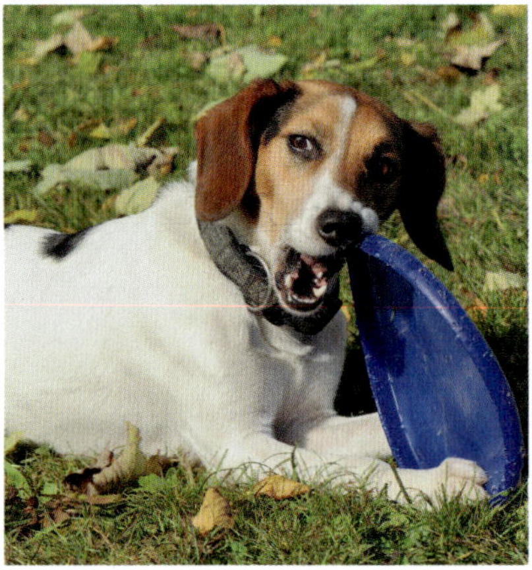

*Auch das Zerbeißen eines Spielzeugs kann zu den nicht erwünschten Verhaltensweisen zählen und sollte unterbunden werden.*

Je weniger sich dieses „unerwünschte“ Verhalten schon gefestigt hat, desto einfacher ist es, den Hund zu beeindrucken und ihm dieses Verhalten abzutrainieren.

Meist reicht es schon, wenn der Hund vier- bis fünfmal hintereinander die Erfahrung gemacht hat, dass ich das Spiel so nicht in Ordnung finde. Er wird sich dann zurückziehen, vielleicht irgendwo hinsetzen oder hinle-

gen und aus der Entfernung zuschauen. Dies ist dann der Moment, in dem ich das Werkzeug weglege, zum Hund hingehe, ihn streichle und ihm ein Leckerli gebe. Er hat von sich aus eine positive Alternative gewählt und bekommt dafür meine Aufmerksamkeit.
Natürlich gilt auch hier, dass wir dem Problem nicht aus dem Weg gehen, sondern wir packen es an – also regelmäßig üben und nicht erst staubsaugen, wenn der taube Hund schläft.

### Anspringen

Das Anspringen gehört bei mir in die Kategorie „Möchte ich nicht!". Dementsprechend verhalte ich mich und der Hund bekommt nie Aufmerksamkeit dafür. Ich drehe mich, wenn möglich, schon im ersten Ansatz des An-mir-Hochspringens vom Hund weg und ignoriere so sein Verhalten. Ich lasse ihn quasi ins Leere springen.
Ich schaue ihn nicht an und fasse ihn auch nicht an oder versuche gar, ihn am Halsband wegzuziehen. Ich bewege mich auch nicht vorwärts oder seitwärts. Ich stehe und drehe mich nur vom Hund weg. Springt er weiter, drehe ich mich weiter weg, sodass er jedes Mal nur meinen Rücken zu sehen bekommt.
Abhängig davon, wie viel Erfolg er bisher mit dem Anspringen hatte, kann dies durchaus eine sehr zähe Übung werden. Außerdem kann es sein, dass – je nachdem, wie gefrustet er durch mein Verhalten dann ist – noch seine Zähne zum Einsatz kommen und er vielleicht anfängt zu kneifen! Auch darauf gehe ich nicht ein, ich lasse ihn vollkommen ins Leere laufen. Es gibt keine weitere Reaktion meinerseits.
Wenn er das irgendwann langweilig findet, weil es von mir keine andere Reaktion gibt als das Wegdrehen, und er schließlich alle vier Pfoten auf dem Boden behält, wende ich mich ihm zu und streichle ihn. So wird man begrüßt!
Ein Hund lernt am Erfolg und er hat Erfolg, wenn er sich ruhig verhält und die Pfoten auf dem Boden bleiben. Fängt er beim Anfassen wieder an mit dem Hochspringen, beginnt alles wieder von vorne: wegdrehen, ignorieren, ins Leere laufen lassen. Hält der Hund inne und bleiben die Pfoten auf dem Boden, drehe ich mich zum Hund und streichle ihn.
Je nach Temperament des Hundes kann dies eine sehr langwierige Geschichte sein, aber ruhig und konsequent zu bleiben ist der Schlüssel zum Erfolg!

## Sozialverhalten und Sozialkontakte

Dies ist ein sehr wichtiges Thema, da es hier erhebliche Unterschiede zu hörenden Hunden gibt. Der taube Hund bekommt bestimmte Drohgebärden unter Umständen nicht mit, wie zum Beispiel Knurren oder Lefzen-Hochziehen. Erst beim Abschnappen des anderen Hundes merkt er plötzlich, dass irgendetwas nicht in Ordnung war an seinem Verhalten, der andere Hund also irgendetwas nicht

möchte. Außerdem bekommt der taube Hund nicht mit, wenn sich von hinten ein anderer Hund annähert. Hier gilt es, vorausschauend zu agieren.
Wenn man sieht, dass es dem anderen Hund beim Spielen zu viel wird, er beginnt die Lefzen hochzuziehen und zu knurren, sollte man den tauben Hund kurz am Geschirr oder Halsband wegnehmen, bis sich der andere Hund wieder beruhigt hat.
Das Problem an dieser Situation ist, dass hörende, gut sozialisierte Hunde in der Regel die Abfolge der Drohgebärden kennen. Sie können sich auf das Abschnappen „einstellen", da sie ja schon vorgewarnt werden, und zurückweichen bzw. ausweichen.
Der taube Hund erlebt nur das Abschnappen plötzlich unvermindert, kann dann unter Umständen nicht zurückweichen und wird hierbei vom anderen Hund, oft gar nicht beabsichtigt, verletzt. So kann es beim tauben Hund zu negativen Verknüpfungen mit Hundebegegnungen kommen, die nicht hätten sein müssen.
Auch greife ich ein, wenn ich sehe, dass es meinem Hund zu viel oder zu wild wird, und hole ihn zu mir. Meine Erfahrung hat gezeigt, dass die Hunde sich dann nach einem wilden Spiel recht schnell wieder „runterfahren", wenn sie eine Weile an der Leine bleiben.
Ich persönlich lasse meine Hunde nur mit mir bekannten Hunden zusammen, bei denen ich sicher sein kann, dass sie ein faires Sozialverhalten haben, denn ich habe meinen Hunden gegenüber die Verantwortung als Rudelführer dafür, dass Hundebegegnungen für sie positiv verlaufen!

*Sie verstehen sich prima: zwei hörende und zwei taube Hunde.*

Auch habe ich Situationen erlebt, in denen ich mit meinem angeleinten tauben Hund irgendwo stand und von hinten kam ein anderer Hund und beschnupperte meinen.
Mein tauber Hund merkt das aber erst mal gar nicht und bekommt es nur mit, wenn er den anderen Hund zufällig sieht.
Das ist eine Situation, in der ich den fremden Hund mit einem großen Schritt auf ihn zu und einem lauten verbalen „Geh weg" verscheuche. Ich übernehme die Initiative und mein Hund muss selbst keine Entscheidung darüber treffen, was er tun soll.

## Wenn taube Hunde schlafen

Wenn ein tauber Hund tief schläft, muss man bedenken, dass er nicht mitbekommt, was um ihn herum geschieht. Falls man ihn dann anfasst, kann es passieren, dass er erschrickt und vielleicht auch schnappt. Wenn man sich dem tief schlafenden Hund nähert, sollte man dieses mit festen Schritten tun. So kann man eventuell erreichen, dass der Hund die Schwingungen auf dem Boden wahrnimmt und davon erwacht. Man kann auch vorsichtig an seiner Decke zupfen, sodass er sanft aufwacht.
Bei einem sehr unruhigen Hund, der ständig meint, er würde etwas verpassen, und selbst nach einem ausgiebigen Spaziergang nicht zur Ruhe kommt, empfehle

*Wenn ein tauber Hund schläft, sollte er nur durch ein sanftes Anstupsen geweckt werden.*

ich eine Hundebox, an die man den Hund gewöhnt hat, so wie zuvor beschrieben. So kann ich ihm eine „Auszeit“ vermitteln und er lernt sich zu entspannen. Ich habe die Erfahrung gemacht, dass die Hunde, wenn sie den Aufenthalt in der Box positiv verknüpft haben, sich durchaus sehr wohl darin fühlen und sie diese dann auch bei geöffneter Boxentür gern als Rückzugmöglichkeit annehmen!
Falls Kinder mit im Haushalt leben, finde ich es auch sehr wichtig, dass sie lernen, den schlafenden Hund nicht zu stören! Die Kinder sollten dazu angeleitet werden, den Hund in Ruhe zu lassen, wenn er sich auf seinem Platz befindet.
Ein Klingeln an der Haustür bringt einen schlafenden tauben Hund nicht aus der Fassung und auch Silvester ist eine eher ruhige Angelegenheit.

## Im Straßenverkehr mit tauben Hunden

Es ist für mich völlig klar, dass meine Hunde im Straßenverkehr an der Leine geführt werden, denn mir ist es wichtig, niemanden zu gefährden, weder andere Mitmenschen noch meine Hunde. Ich möchte mich meiner Umwelt gegenüber rücksichtsvoll verhalten, denn wir Hundebesitzer werden nicht von jedermann gemocht.
Ich versuche mich so zu positionieren, dass ich zwischen dem Hund und dem anderen Objekt bin. Wenn mir jemand entgegenkommt, fungiere ich dann als Puffer zwischen meinem Hund und der anderen Person. Dies hat den Vorteil, dass ich „splitten“ kann, falls mein Hund Interesse an dieser Person zeigt, indem ich mich vor den Hund stelle, ihm praktisch den Weg versperre und so seine Aufmerksamkeit wieder erreiche und ihm auch klarmachen kann, dass sein Handeln nicht erwünscht ist.
Reagiert der Hund nicht auf meine Körperaktion, gehe ich ein paar Schritte auf ihn zu, sodass er zurückweichen muss. Je nach Erregungszustand – vielleicht freut sich der Hund und möchte die Person auch anspringen – dauert es vielleicht eine Weile, bis der Hund mich anschaut. Dann warte ich ein bis zwei Sekunden ab und gebe sein Sichtfeld wieder frei, indem ich mich neben den Hund stelle. So kann er sein Umfeld wieder beobachten.
Bleibt er ruhig bei mir stehen und sein Blick wendet sich von der Person ab zu mir, gibt es ein Leckerli! Mir ist dabei wichtig, dass der Hund sein Umfeld wahrnehmen darf und einschätzen lernt, was auf ihn zukommt, aber eben mit bestimmten Spiel- und Benimmregeln!

### Probleme im Straßenverkehr

Falls sich der Hund in seiner Vergangenheit schon einige Unarten angeeignet hat, sollte man dranbleiben und üben und nicht resignieren nach dem Motto „Wir gehen dem Problem mal aus dem Weg“.
Zuerst gilt es zu überprüfen, ab welcher Distanz zum Beispiel ein vorbeifahrendes Auto oder ein Fahrradfahrer das Interesse des Hundes weckt. Am besten ist es,

*So kann eine Situation aussehen, wenn man „splittet“: stehen bleiben (a), sich zwischen den Hund und das Gegenüber stellen (b), der Hund setzt sich hin (c) und wird dafür bestätigt (d).*

wenn der Hund in dem Fall am Geschirr und einer etwa 2 Meter langen Leine ist. Wenn ich sehe, dass der Hund den Kopf in Richtung Objekt dreht, die Ohren aufstellt und vielleicht beginnt mit dem Schwanz zu wedeln, bleibe ich noch stehen und warte ab. Falls er mich dann anschaut, ohne dass ich irgendetwas tue, bekommt er ein Leckerli.

Bewegt sich der Hund nach vorne, gehe ich ein paar Schritte rückwärts. Ich vergrößere damit die Distanz zum Objekt und bleibe erneut stehen. Schaut mich der Hund irgendwann von sich aus an, super – dann gibt es ein Leckerli oder ich spiele kurz mit dem Hund. Anschließend wird das Spielzeug wieder weggepackt und kurz abgewartet, um wieder Ruhe reinzubringen. Dann gehe ich erneut ein paar Schritte nach vorne.

Diese Übung wiederhole ich ein paar Mal hintereinander. Im Allgemeinen lernt der Hund nach ein paar Wiederholungen, dass es sich für ihn lohnt, wenn er mich in solchen Situationen direkt anschaut.

Falls der Hund allerdings heftig in die Leine rennt (darum ist die Verwendung eines Geschirrs sinnvoll) und unbedingt hinter dem Objekt herrennen möchte, war meine gewählte Distanz zum Objekt zu gering! Dann drehe ich mich weg, gehe entschlossen in die andere Richtung und nehme den Hund einfach mit.

*Bei einer Begegnung zweier Hunde sollten die Menschen die Position dazwischen einnehmen, damit der Abstand bewahrt bleibt.*

Dabei ziehe ich ihn aber nicht mit der Leine zu mir her, denn das kostet je nach Gewicht des Hundes enorme Kraft, sondern ich drehe mich nur weg und laufe in die andere Richtung.
Dies ist die Situation, in der die meisten Hunde, die dieses Verhalten zeigen, so erregt sind, dass sie außer dem Objekt um sich herum nichts mehr wahrnehmen.
Also fangen wir noch einmal von vorne an: Hierfür entfernen wir uns etwas weiter von dem Objekt und wiederholen die Übung. Wenn sich mein Hund beruhigt hat, sollte die Situation, wie oben beschrieben, positiv beendet werden. Dann kann man allmählich die Distanz wieder verkleinern.
So arbeite ich mich Schritt für Schritt näher an das Objekt heran, bis zum Beispiel ein Fahrrad direkt an uns vorbeifahren kann, ohne dass der Hund daran Interesse zeigt. Das kann, abhängig davon wie lange der Hund dieses Verhalten schon ausgebaut hat, ein langer Weg werden. Außerdem sollte man an möglichst vielen verschiedenen Orten solch eine Situation üben, damit der Hund sein Verhalten positiv generalisieren kann.

### MIT KLEINEN SCHRITTEN

*Was hierbei auch noch wichtig zu erwähnen ist: Ich fordere zu Beginn dieses Trainings weder „Sitz“ noch „Platz“, da der Hund dies mit Sicherheit vor lauter Erregung selbst auflösen wird. Er kann es einfach in dieser Situation noch nicht konsequent ausführen bzw. durchhalten. Das wird dann erst später geübt, wenn sich sein Verhalten positiv verändert hat.*

## Stadtbesuch

Für einen tauben Hund, der gut sozialisiert ist, ist ein Stadtbesuch sicher weniger anstrengend als für einen hörenden, da die enorme Geräuschkulisse, die auf den Hund einwirkt, definitiv wegfällt.
Ich muss aber klar sagen: Wenn der Hund Stadtbesuche nicht gewöhnt ist, kommt dies auf jeden Fall einer Reizüberflutung gleich – ganz egal ob der Hund hört oder taub ist.

Stellen wir uns vor, hier kommen Menschenmengen mit Tüten beladen aus einer Tür, dort hat ein Mann sein Kind auf den Schultern sitzen und es sieht für den Hund so aus, als wenn der Mensch zwei Köpfe übereinander hat; da kommen Kinder mit Luftballons an einer Schnur angerannt und stehen ganz plötzlich unvermittelt hinter ihm; an der Ampel auf das grüne Männchen wartend gesellen sich mehrere Leute von hinten dazu, der Hund fühlt sich dann vielleicht bedrängt und möchte am liebsten weg; und dazu kommen noch die Abgase der Autos, die für die feine Hundenase natürlich eine extreme Belastung sind.

Ich versuche auch hier die Welt aus Sicht des Hundes zu sehen. Es ist eine Welt, die durchaus beängstigend ist, wenn er diese Situationen nicht gewöhnt ist bzw. sie noch nicht generalisiert hat.

Hier hat sich das Sprichwort „Weniger ist mehr“ bewahrheitet. Man sollte nie zu lange üben und möglichst dann nach Hause gehen, wenn die Situation gerade positiv war.

Zu Beginn stelle ich mich mit dem angeleinten Hund nur an eine stark befahrene Straße, vielleicht unweit einer Bushaltestelle, aber nie länger als 5 Minuten. Ich verlange vom Hund kein Kommando wie ein Sitz oder Platz, da er vielleicht aus Unsicherheit zurückweichen möchte und ich ihm das zugestehe und keinen zusätzlichen Druck auf den Hund ausüben will. Ich lasse ihn unbeeinflusst seine Umgebung anschauen und über die Augen einschätzen lernen.

*So kann man sich auf einen Stadtbesuch vorbereiten, indem man erst mal aus der Ferne beobachtet.*

Wenn er an der Leine unruhig hin- und herläuft, vielleicht auch loszieht und weg möchte, bleibe ich ruhig stehen und halte die Leine nur fest. Ich ziehe ihn nicht zurück und wende mich ihm nicht zu. Ich streichle ihn nicht und versuche ihn auch nicht zu beruhigen, da ich sonst das unsichere Verhalten bestätigen würde, und das möchte ich ja nicht! Bleibt er irgendwann neben mir oder auch hinter mir stehen, wende ich mich ihm zu und er bekommt ein Leckerli.
Ich lasse ihn wieder beobachten, einschätzen lernen und wenn er mich kurz anschaut, bekommt er ein Leckerli. Falls sich irgendwann ein Bus nähert, aus dem dann vielleicht mehrere Menschen aussteigen (bitte zu Beginn nicht unbedingt zur Mittagszeit üben, damit nicht ein ganzer Schwung Kinder und Jugendlicher aussteigt und der Hund vielleicht komplett überfordert wird), sollte man – wenn möglich – ein paar Schritte nach hinten treten und dem Hund etwas Distanz zu den aussteigenden Personen zugestehen, ihn schauen lassen und ihn dabei aus den Augenwinkeln beobachten. Schaut er mich irgendwann an, sucht Blickkontakt, bedeutet das, er kann sich, ohne dass ich auf ihn einwirke oder versucht habe, ihn mit irgendetwas abzulenken, wieder mir zuwenden. Das ist super und es gibt einige Leckerlis.
So darf und kann er lernen, seine Umgebung bewusst einzuschätzen, und hat die Möglichkeit zu beobachten, was um ihn herum gerade passiert. Ich bin der Meinung, nur so kann sich der taube Hund zu einem souveränen, sicheren Alltagsbegleiter entwickeln.
Nach und nach verlängere ich die Zeit und übe auch an unterschiedlichen Orten, damit er sein Verhalten generalisieren und festigen kann und es nicht nur auf einen Ort bezieht.
Erst wenn der Hund ruhig neben mir stehen kann, fange ich an, ihm auch mal ein Sichtzeichen für „Sitz" zu geben, oder wir gehen ein paar Schritte an der lockeren Leine. Ich achte darauf, dass wir zusammen mit einem erfolgreichen Abschluss nach Hause gehen, so kann der Hund den Stadtbesuch positiv verarbeiten.
Wenn ich in einer Situation, die ihn stresst oder auch ängstigt, abbreche und nach Hause fahre, nimmt er das Erlebte negativ mit und verarbeitet das auch so. Deshalb: Weniger ist hier mehr!

## Tauber Hund als Zweithund?

Ich konnte beobachten, dass ein tauber Hund manche Dinge leichter lernt als ein hörender Hund, da er definitiv weniger Ablenkung in Form von Geräuschen erfährt. Allerdings muss man dabei erwähnen, dass unerwünschtes Verhalten genauso schnell gelernt wird wie erwünschtes!
Manch einer wird vielleicht auch denken: Da ist das Heranrufen eines tauben Hundes mit einem souveränen hörenden Ersthund ein Kinderspiel – ich rufe den hörenden Hund und der taube kommt dann mit. Das ist aber leider nicht so.

Das mag noch funktionieren, solange der taube Hund recht jung ist und er sich sowieso nicht allzu weit vom Rudel entfernt. Spätestens im Junghundealter, wenn die Hormone verrückt spielen und selbstständige Entdeckungstouren angesagt sind, wird man merken, dass der Hund sich oft weiter von einem entfernt, als man es bisher gewohnt war.
Deshalb erfolgt der Aufbau mit Schleppleine und Blickkontakt, noch bevor sich der Hund verselbstständigt hat. Außerdem nehme ich mir die Zeit, regelmäßig mit jedem Hund getrennt spazieren zu gehen oder zu üben. Das fördert die Bindung und Beziehung zu jedem einzelnen unserer Hunde. So kann ich auch überprüfen, ob die gelernten Sichtzeichen auch ohne die anderen Hunde gefestigt sind.
Grundsätzlich finde ich es schön, wenn mehrere Hunde in einem Haushalt harmonisch zusammenleben, und praktiziere dies selbst auch schon seit vielen Jahren. Allerdings kommt immer erst ein neuer vierbeiniger Mitbewohner hinzu, wenn der Rest des Rudels gemeinsam „alltagstauglich“ ist, da ich mich selbst nicht überfordern möchte! Ein neuer Hund, egal ob taub oder nicht taub, erfordert erst einmal viel Aufmerksamkeit und wenn es mit den anderen noch diverse Baustellen aufzuarbeiten gibt, tue ich keinem etwas Gutes damit, einen neuen Mitbewohner ins Haus zu holen – am wenigsten mir!

*Es sollte immer erst ein Zweithund hinzukommen, wenn der erste schon „alltagstauglich“ ist.*

## Wenn alte Hunde taub werden

Man muss sich bei diesem Thema noch einmal klarmachen, dass ein von Geburt an tauber Hund seine Welt nicht anders kennt, für ihn ist alles so in Ordnung wie es ist. Das ist bei einem Hund, der älter wird und das Gehör meistens schleichend nachlässt, etwas anderes. Er muss sich erst selbst darauf einstellen, dass vieles ein wenig langsamer geht und er nicht mehr alles so mitbekommt.

Häufig lässt dazu vielleicht auch noch die Sehkraft nach. Alte Hunde wirken dann so ein wenig unbeholfen, unkoordiniert oder schusselig. Und welcher Hundebesitzer eines älteren Hundes kennt das nicht: Man steht da, ruft, ruft lauter, klatscht vielleicht in die Hände und der ergraute Vierbeiner trabt munter in die entgegengesetzte Richtung, weil er uns dort vermutet und vor lauter Schnüffeln den Anschluss verpasst hat.

Allerding muss ich ganz klar sagen, auch ein „alter" Hund kann genauso Sichtzeichen erlernen, vielleicht nicht ganz so schnell wie ein junger Hund, aber mit Lob und Leckerlis ist das überhaupt kein Problem! Häufig blüht dadurch ein alter Hund sogar richtig auf, da er nun kopfmäßig gefordert wird, und freut sich riesig, neue Aufgaben zu erlernen, und sei es nur, bei einem Heranwinken zum Besitzer zu kommen und sich ein Leckerli abzuholen!

Auch hier sind viele Wiederholungen, schnelle Bestätigung für richtiges Ausführen der Kommandos und Ignorieren des unerwünschten Verhaltens wichtig. Und wenn der Hund etwas falsch „verstanden" hat, beginnt die Übung einfach nochmal von vorne, wobei man selbst innerlich ruhig bleiben sollte, denn das spürt der Hund und es überträgt sich auf ihn.

*Diese beiden Hunde sind über 13 Jahre alt und der Hörsinn lässt allmählich nach.*

Bei einem alternden, taub werdenden Hund finde ich persönlich das Ruhigbleiben sehr schwer. Man hat vielleicht schon viele Jahre miteinander verbracht, man weiß, was der Hund alles kann, und kennt sich im Grunde in und auswendig. Nun muss man ihm „neue“ Kommandos beibringen, ihm verständlich machen, was man von ihm möchte, und das, obwohl das bisher alles so problemlos einfach funktioniert hat. Da liegt es definitiv an einem selbst, sich wirklich bewusst mit diesem Thema zu befassen, und zwar mit Ruhe, Geduld und auch ein klein wenig Humor – dann funktioniert alles besser.

### ZWEISPRACHIG ERZIEHEN

*Ich denke sogar, dass es eine Überlegung wert ist, seinen hörenden Hund „zweisprachig“ zu erziehen. Erstens erlernt der Hund die Sichtzeichen zum jeweiligen Kommando rein über Körpersprache viel schneller als Hörzeichen und zweitens hat man dann den möglichen Problemen der sogenannten Alterstaubheit vorgebeugt.*

## Tauber Hund und Kinder

Ich habe lange darüber nachgedacht, ob ich dieses Thema im Buch erwähnen soll oder nicht, da ich persönlich generell eine ganz spezielle Einstellung dazu habe. Da es allerdings doch einige Unterschiede zu hörenden Hunden gibt, möchte ich es doch gern ansprechen.

Wie zuvor schon erwähnt, ist es wichtig, als Eltern oder auch Aufsichtsperson, den Kindern klarzumachen, dass ein Hund nicht gestört werden darf, wenn er schläft. Ein Hund, der tief schläft, bekommt es nämlich unter Umständen gar nicht mit, dass das Kind im Anmarsch ist, erschreckt sich dann vielleicht und schnappt im schlimmsten Fall ab.

Und je nach Alter des Kindes (oder der Kinder) ist es nicht so einfach (ich spreche aus eigener Erfahrung!), dies konsequent rüberzubringen. Es gab bei mir zu Hause regelmäßig Tränen, wenn ich meinen krabbelnden Sohn, der unterwegs in Richtung Merlins Korb war, hochgenommen und vom Hund weggetragen habe. Abgesehen davon fand Merlin den Kleinen im Krabbelalter total seltsam!

Als mein Sohn noch ein kleines Baby war, war für Merlin alles okay. Er schleckte ihn ab, freute sich, wenn er ihn sah, und war total entspannt in seiner Anwesenheit. Dann kam das Krabbelalter und man konnte an Merlins Blick und Körperanspannung erkennen, dass er damit überhaupt nichts anfangen konnte, wenn mein Sohn auf ihn zu gekrabbelt kam.

Das Schlimmste in so einer Situation wäre es, wenn man den Hund nun wegsperren würde. Denn dann könnte er sich nie daran gewöhnen, was natürlich kontraproduktiv wäre.

Ich habe immer meinen Sohn geholt und ihm von Anfang an erklärt (ab wann er es verstanden hat, weiß ich nicht), dass er die Finger wegzulassen hat, wenn die Hunde auf ihrem Platz liegen.
Nachdem mein Sohn dann mit dem Laufen begonnen hat, war für Merlin alles wieder in Ordnung. Allerdings kam nun die Sache mit dem Umschubsen dazu. Das war von Merlin auf keinen Fall beabsichtigt – er hat es häufig einfach nicht mitbekommen, dass mein Sohn plötzlich hinter ihm stand. Und wenn er sich dann umdrehen wollte, gab er meinem Sprössling mit seinem Hinterteil zwangsläufig einen Rempler, der Kleine fiel um und das Geschrei war groß! Durch solche Situationen können sich dann, wenn man hier nicht aufpasst, auch beim Kind irgendwelche Abneigungen gegen den Hund entwickeln.
Was an dieser Stelle noch zu erwähnen sei: Als ich noch kein Kind hatte, habe ich mir keine Gedanken darüber gemacht, wie sich das bei Kleinkindern mit der Motorik verhält! Letztendlich ist es aber so, dass vor allem kleine Kinder nun mal an allem ziehen und zupfen und mit ihren Händchen alles ausprobieren und erfühlen wollen. Das gehört nun mal zur Entwicklung dazu. So ziehen sie auch mal am Fell der Hunde oder bei Mama an den Haaren.
Ich verstehe zwar, was und warum das Kind das macht, der Hund aber nicht! Er empfindet es einfach nur als unangenehm, wenn so ein kleiner Mensch ihn an den Haaren zieht und vielleicht assoziiert er schon hiermit: Kleine Menschen tun mir weh! Und das wäre sehr schade.
Ich bin auch hier, ähnlich wie bei unseren Katzen (siehe nächstes Kapitel), der Vermittler. Ich bin dafür verantwortlich, dass sich sowohl mein Kind als auch die Hunde wohlfühlen dürfen, aber auch, wenn etwas aus der Bahn läuft, beide in ihre Schranken gewiesen werden müssen – wobei ich wirklich zugeben muss, dass hier immer eher mein Sohn derjenige ist, den ich bremsen muss.
Ich möchte aber auch meine Hunde nicht in die Lage bringen, vielleicht doch selbst Situationen klären zu müssen, nur weil ich es nicht mitbekommen habe!
In meiner Tierheimzeit hat es immer wieder Hunde gegeben, die abgegeben wurden, weil sie das Kind gebissen hatten. Wenn ich dann gefragt habe, wie die Situation war, hat sich meist herausgestellt, dass der Hund eigentlich keine „Schuld“ hatte! Häufig ist der Grund, dass wir Menschen die Körpersprache der Hunde überle-

*Ab einem gewissen Alter können sich Hund und Kind zu einem tollen Team entwickeln. Hier stimmt auch schon der Blickkontakt.*

**ERFAHRUNGSBERICHT**

*Erst unlängst hatte ich eine ähnliche Situation beim Spazierengehen. Cloud lief etwa zwei Meter vor meinem Sohn. Sie hatte nicht gesehen, dass er jetzt hinter ihr lief, und drehte sich plötzlich um, weil sie zu mir herkommen und Kontakt aufnehmen wollte. Braves Mädchen! Mein Sohn war aber mit seinem Blick am Boden orientiert und konnte daher nicht rechtzeitig reagieren und ausweichen. So stießen die beiden zusammen. Auch hier was das Geschrei groß. Cloud war ganz durcheinander und ich habe meinen Sohn erst einmal beruhigt und ihm erklärt, dass sie es nicht mit Absicht gemacht hatte. Hier musste ich zwischen beiden ein fairer Vermittler sein. Hätte ich mit Cloud „geschimpft“, hätte sie überhaupt nicht verstanden, warum!*

sen, nicht wirklich darauf achten, was sie uns mitteilen wollen, und sie dann irgendwann selbst reagieren müssen!
Und nach so einem Vorfall ist das Vertrauensverhältnis zum Hund natürlich angekratzt. Man geht dann angespannter mit dem Hund um, was ganz klar nachzuvollziehen ist, aber letztendlich hätte man zuvor einfach mal genauer hinschauen sollen und die Anzeichen deuten müssen!
Wenn ich zu Hause keine Zeit habe, meinen Sohn und meine Hunde im Auge zu haben, sind meine Hunde vor meinem Kind sicher, und zwar in einem Hundezimmer. Die Tür ist geöffnet, der Raum ist allerdings trotzdem durch ein Kindergitter abgetrennt, sodass die Hunde sehen, riechen und mitbekommen können, dass wir da sind.
Denn ich möchte keinen meiner Hunde, egal ob taub oder nicht, in die Lage bringen müssen, sich durch Abschnappen zu wehren. Das könnte ich mir nicht verzeihen!

## Tauber Hund und Katzen

Über eines sollte man sich grundsätzlich Gedanken machen: Hund und Katze sprechen allein von der Körpersprache her unterschiedliche Sprachen. Sie müssen beide erst lernen, was der andere möchte, und hierbei kann es unweigerlich zu anfänglichen Kommunikationsproblemen kommen.
Auch hier finde ich es sinnvoll, beim Gewöhnen aneinander den Hund erst einmal kontrolliert (zum Beispiel mit der Hausleine) mit der Katze zusammen zu lassen. Das heißt, dass ich auf jeden Fall dabei bin und möglichst nicht mit Futter bestätige, da dies eventuell Futterneid auslösen könnte. Falls die Katze einen ängstlichen Buckel macht und vielleicht knurrt und faucht, bekommt der taube Hund diese Drohgebärde nicht mit, und wenn er sich nun weiter neugierig nähert, kann es passieren, dass er ihre Krallen zu spüren bekommt – sicher kein guter Start für ein weiteres Zusammenleben.

*Auch taube Hunde lassen sich mit Katzen vergesellschaften – sie müssen nur die andere Sprache lernen.*

Bevor dies passiert, greife ich ein, hole den Hund an der Hausleine weg und setze mich in einiger Entfernung mit ihm auf den Boden. So hat die Katze die Möglichkeit, sich wieder etwas zu entspannen! Sobald sich der Hund entspannt und ruhig neben mich legt oder setzt und auch Blickkontakt zu mir herstellen kann und die Katze nicht fixiert, streichle ich ihn und bestätige sein positives Verhalten.
Fixieren bedeutet, dass der Hund den Blick nicht von der Katze nimmt, selbst dann nicht, wenn ich ihn anstupse und sein Körper angespannt ist.
Bemerke ich dies, nehme ich ihn an der Hausleine mit aus dem Raum und entspanne so die Situation. Versucht die Katze sich zurückzuziehen, springt vielleicht auf einen Schrank oder will den Raum verlassen, muss ich darauf achten, dass der Hund sie nicht verfolgt und in den Jagdtrieb verfällt. Katzen finden es sicher nicht witzig, wenn sie von einem Hund durchs Haus gehetzt oder lautstark verbellt werden, auch wenn es nur als Spielaufforderung gemeint ist.
Natürlich greife ich auch ein, wenn ich bemerke, dass der Hund sich hingelegt hat und seine Ruhe möchte, die Katze aber zum Sprung ansetzt, um mit seinem Schwanz zu spielen. In diesem Fall nehme ich die Katze weg und bringe sie aus dem Raum.
Das Zusammenführen zwischen taubem Hund und Katze bedeutet für mich etwas ganz Besonderes: Ich fühle mich als eine Art Übersetzer, der zwischen diesen beiden Körpersprachen vermittelt, Regeln aufstellt und so auch für ein harmonisches Zusammenleben in meinem Rudel sorgt!

# Beschäftigung und Hundesport

Viele werden sich bestimmt die Frage stellen, ob man mit einem tauben Hund verschiedene Hundesportarten oder sogar eine ernste Arbeit betreiben kann. Es gibt nur wenige Tätigkeiten, für die ein tauber Hund nicht geeignet ist – dazu später mehr. Aber grundsätzlich kann man auch mit tauben Hunden so ziemlich alle Sportarten betreiben – und wenn sie nur als sinnvolle Beschäftigung für den Hund dienen. Je nach Sparte muss man sich dann allerdings erkundigen, falls man eine Prüfung ablegen oder bei einem Wettkampf teilnehmen möchte, ob taube Hunde zugelassen sind.

Ich weiß zum Beispiel, dass das Reglement für Obedience geändert wurde und taube Hunde bei Prüfungen nicht zugelassen sind. Aber an einem Kurs teilnehmen, um die Elemente der Übungen mit dem Hund zu erlernen, kann man trotzdem

Auch kann ich mir einen tauben Hund in der Rettungshundeausbildung oder auch als Drogenspürhund durchaus vorstellen, da ich ja – wie bereits erwähnt – die Erfahrung gemacht habe, dass diese Hunde sich durch Nebengeräusche nicht ablenken lassen und dadurch die Konzentration bei der Arbeit länger anhält. Natürlich ist mir auch klar, dass die Polizei sicher keinen tauben Hund in den Dienst stellen würde, aber wie gesagt, es ist durchaus denkbar, ihm alle die erforderlichen Aufgaben beizubringen.

*Hundesport ist auch etwas für taube Hunde.*

Es bedarf ein wenig an Einfühlungsvermögen und man muss sich reindenken, wie ein Hund Dinge miteinander verknüpft, dann kann man mit tauben Hunden genauso viel erleben und Spaß haben wie mit hörenden Hunden.

Im Folgenden habe ich einige Beispiele für die verschiedenen Beschäftigungsmöglichkeiten zusammengestellt und aufgezeigt, wie man bestimmte Übungen dem tauben Hund verständlich machen kann. Es beschreibt natürlich nicht die vollständige Ausbildung oder das komplette Training für eine Sportart – das würde ein weiteres Buch füllen. Die Beispiele sollen einfach nur Anregungen sein und zeigen, wie man diese Übungen tatsächlich mit einem tauben Hund durchführen kann.

## Tricks

Jeder Hund ist für kleine Tricks und Kunststückchen zu begeistern. Auch taube Hunde haben daran ihren Spaß. Hier beschreibe ich, wie man dem Hund das Pfotegeben auf Distanz oder Winken beibringen kann – eine Übung, die vor allem bei Menschen gut ankommt und immer für Begeisterung sorgt.
Zu Beginn knie ich mich vor den sitzenden Hund, nehme fünf- bis zehnmal seine Pfote in die Hand und parallel dazu bekommt er aus der anderen Hand ein Leckerli. Dann halte ich meine Hand nur hin und überprüfe, ob der Hund schon den Ansatz zeigt, mir seine Pfote freiwillig zu geben. Hebt er die Pfote an, bekommt er ein Leckerli. Er muss sie mir noch nicht ganz geben, sondern ich bestätige schon den Ansatz, denn das Ziel soll nicht sein, dass er lernt die Pfote in meine Hand zu geben, sondern das Anheben oder Winken.
Diese Übung führe ich drei- bis fünfmal hintereinander durch. Dann stelle ich mich aufrecht vor den Hund. Er soll dabei immer noch in der Sitz-Position bleiben.
Ich halte ihm meine Hand hin und wenn er nun die Pfote anhebt, strecke ich ihm meine Hand aufmunternd nochmals entgegen, sodass er seine Pfote etwas höher nimmt. Steht er auf, gebe ich erneut das Sichtzeichen für „Sitz“, korrigiere ihn und versuche es noch einmal.

*Das Winken gehört zu den beliebtesten Tricks.*

Auch dies wiederhole ich drei- bis fünfmal und bestätige mit Leckerli, wenn die Pfote ungefähr auf meiner Kniehöhe ist. Danach löse ich mit der Winkbewegung das „Sitz“ auf und wir spielen kurz miteinander. Dadurch lockere ich den Hund kurz auf.

Anschließend gebe ich erneut das Sichtzeichen für „Sitz“. Wenn der Hund sitzt, gehe ich zuerst nur einen Schritt nach hinten und strecke ihm die Hand entgegen. Sobald die Pfote vom Boden abhebt, fliegt ihm das Leckerli entgegen. Steht der Hund auf, korrigiere ich ihn, indem ich ihn an die Stelle zurücksetze, wo er zuvor saß, und versuche es erneut: Sichtzeichen für „Sitz“, ein Schritt nach hinten weg, Hand entgegenstrecken und wenn er die Pfote hebt, fliegt ihm das Leckerli entgegen.
Erst wenn diese Übung mit einem Schritt Entfernung gut funktioniert und der Hund dabei sicher sitzen bleibt und nicht mehr versucht hinter mir herzukommen, vergrößere ich die Distanz nach und nach, erst zwei Schritte, dann drei Schritte und so weiter.
Falls der Hund aufsteht, spielt das Korrigieren, indem man ihn wieder an die Stelle hinsetzen lässt, wo er zuvor saß, eine wichtige Rolle, denn ich möchte ja, dass er da, wo ich ihn hingesetzt habe, bleibt und von dort aus die Pfote hochhebt.

## Gehorsamsübung für die Begleithundprüfung

Grundsätzlich kann man einen tauben Hund auch für die Begleithundprüfung ausbilden und die Prüfung mit ihm ablegen. Allerdings muss dann vorher mit dem Richter, der die Prüfung abnimmt, abgeklärt werden, ob der taube Hund teilnehmen darf, da man natürlich nicht mit Hörzeichen arbeiten kann, wie es eigentlich bei der Begleithundprüfung üblich und sogar Pflicht ist.
Wie man die grundlegenden Kommandos dem Hund beibringt, wurde ja schon vorne im Buch beschrieben. Im Folgenden wird erklärt, wie man dem Hund das Kommando „Hier“ beibringt, so wie es auf dem Hundeplatz üblich ist.
Bei dieser Übung arbeite ich mit Wurststückchen oder Käsewürfeln, die ich

*So sieht das korrekte Bei-Fuß-Gehen aus, wie es auch bei der Begleithundprüfung verlangt wird.*

*Auch das kann ein Sichtzeichen für „Hier" sein.*

dem Hund aus meinem Mund entgegenspucke. Dies hat den Vorteil, dass er, wenn er vor mir die Sitz-Position einnimmt, sich nicht an meinen Händen wegen der Leckerlis bzw. der Bestätigung orientiert, sondern mir ins Gesicht schaut und sich so selbst in eine gerade Sitz-Position bringt.

Zum Anlernen stelle ich mich vor den sitzenden Hund. Nun bewege ich mich schnell rückwärts und mache mit der rechten Hand eine Winkbewegung, um den Hund zu animieren hinter mir herzukommen. Dann lege ich die ausgestreckte Hand auf meinen Bauch und halte an, wobei ich eine gewisse Körperspannung aufbaue. Durch das abrupte Anhalten, das Anspannen des Körpers und das Aufrichten setzt sich der Hund meist spontan vor mich hin und schaut hoch. Ein bis drei Sekunden nach dem Hinsetzen fliegt das Leckerli aus meinem Mund. Dies wiederhole ich ein paar Mal hintereinander: Ich bewege mich schnell rückwärts, animiere den Hund mitzukommen, lege die Hand auf meinen Bauch, halte an, spanne meinen Körper an und wenn sich der Hund setzt, fliegt ihm das Leckerli entgegen.
Nun setze ich den Hund etwa sechs Schritte entfernt vor mir ab, mache eine einladende Winkbewegung und achte darauf, dass meine Mimik freundlich ist und der Hund sich trauen kann zu kommen.
Wenn der Hund zögerlich kommt, gehe ich nochmals ein paar schnelle Schritte rückwärts, um ihn zu animieren, schnell zu mir zu kommen, und zeige denselben Ablauf wie oben beschrieben.
Zwischendurch lockere ich ihn mit einem kurzen gemeinsamen Spiel auf. Danach gehe ich dazu über, den Hund abwechselnd aus der Sitz- oder Platz-Position ins „Hier" zu holen. So bleibt die Übung spannend, es wird keine Routine für den Hund und es besteht nicht die Gefahr, dass er die Übung irgendwann auswendig kann und von allein den Ablauf bestimmt, sondern auf mein Zeichen wartet.

## Suchspiele und Apportieren

Suchspiele und das Bringen von Gegenständen ist für alle Hunde spannend, da es ja immer mit einem Erfolgserlebnis und einer Belohnung verbunden ist, wenn man etwas Leckeres oder ein Spielzeug gefunden und gebracht hat und dafür fürstlich belohnt wird. Hier wird beschrieben, wie man einem tauben Hund das Suchen und Bringen von einem speziellen Gegenstand beibringt.

*Die vier Hunde der Autorin haben alle ein „eigenes“ Spielzeug, sodass sie an anderen Spielzeugen kein Interesse zeigen.*

Dazu muss ich anmerken, dass jeder unserer Hunde ein „eigenes“ Spielzeug hat. Merlin hat einen gelben Ball, Sky einen blauen Ball, Sun einen grünen Gummireifen und Cloud hat einen orangefarbenen Gong.
Das Gute daran ist, dass ich so mit allen vier Hunden gemeinsame Suchspiele machen kann, da jeder sein eigenes Spielzeug kennt und sucht und die Spielzeuge der anderen nicht beachtet.

Zum Aufbauen der Übung setze oder lege ich den Hund ab, entferne mich fünf Schritte, zeige dem Hund noch mal sein Spielzeug und werfe es in die Nähe eines Gebüschs. Dann drehe ich mich zum Hund um und warte, bis er Blickkontakt zu mir aufgebaut hat. Erst dann bekommt er das Auflösungszeichen in Form einer Winkbewegung, sodass er aufstehen und suchen darf.
Hier hat sich zu Beginn ebenfalls das Verwenden der Schleppleine bewährt. Falls der Hund nämlich zu früh aufsteht, habe ich noch die Möglichkeit, ihn zurückzuholen und zu korrigieren.
Verliert er die Lust und bleibt immer wieder mit fragendem Blick in meine Richtung stehen, gehe ich in Richtung Gebüsch und bewege mich so, als ob ich auch etwas suche. Das motiviert den Hund meistens dazu weiterzumachen. Hat er das Spielzeug dann gefunden und bringt es zurück, spielen wir kurz gemeinsam und ich freue mich, dass er verstanden hat, was ich von ihm wollte.
Dann versuche ich es noch einmal an einer anderen Stelle des Gebüschs, damit er das eben Erlebte an einer anderen Stelle umsetzen und somit allmählich generalisieren kann.
Wenn er das Spielzeug auf dem Boden ohne größere Probleme findet, gehe ich dazu über, es auch mal in Kniehöhe in eine Astgabel des Gebüschs zu klemmen bzw. zu hängen. Das ist für die Hunde anfangs meist gar nicht so einfach, aber

*Zu Anfang sollte man die Apportierübungen noch mit der Schleppleine durchführen.*

damit erhöhe ich die Spannung und Konzentration und es wird nicht langweilig. Holzstapel wie sie an Wegesrändern oft zu finden sind, eignen sich auch hervorragend, um Spielzeug zu verstecken, ebenso kleinere Bäume, in denen man das Spielzeug in eine Astgabel klemmen kann. Der Fantasie sind hier keine Grenzen gesetzt.
Was sich ebenfalls gut für Suchspiele eignet, besonders für Hunde, die mit Spielzeug nicht so sehr zu begeistern sind, ist der Futterbeutel. Wie zu Beginn schon erwähnt, muss der Hund ihn suchen, dann zu mir apportieren und bekommt daraus eine besondere Belohnung zu fressen.
Wie eingangs beschrieben sucht jeder meiner Hunde sein „eigenes" Spielzeug und so kann ich alle zusammen gleichzeitig beschäftigen. Das macht riesen Spaß.

## Agility

Auch wenn man beim Agility meistens sehr deutlich hört, wie die Hundeführer mit nicht gerade leisen Kommandos ihre Hunde durch den Parcours schicken, kann man durchaus auch ohne Worte diese Sportart mit seinem Hund ausüben. Mein Merlin, mit dem ich auch schon bei vielen Turnieren teilgenommen habe, ist der Beweis dafür. Hier beschreibe ich, wie man zum Beispiel das Springen über die Hürde mit dem Hund üben kann. Alle anderen Hindernisse können natürlich ebenso immer nach demselben Prinzip antrainiert werden, außer bei den Kontaktzonengeräten, da muss ich etwas anders arbeiten.

Ich setze den Hund anfangs gerade vor der Hürde ab und gehe auf die andere Seite der Hürde mit Blick zum Hund. Die Höhe der Stange stelle ich so ein, dass er sich noch nicht so anstrengen muss, um darüber zu springen.

Dann mache ich eine einladende Winkbewegung und wenn der Hund auf die Hürde zuläuft, gehe ich ein paar Schritte rückwärts weg, um ihm Platz zum Springen zu lassen und ihn zu motivieren hinter mir herzukommen. Sobald er gesprungen ist, fliegt ihm das Leckerli entgegen.

Dies wiederhole ich ein paar Mal hintereinander und achte auch darauf, dass ich den Hund mal links und mal rechts von der Hürde absetze.

Macht er dies gut und geht nicht an der Hürde vorbei, setze ich den Hund ab, stelle mich seitlich rechts neben den Ausleger der Hürde, winke dem Hund mit der linken Hand und wenn er sich in Bewegung setzt und über die Hürde springt, laufe ich geradeaus an der Hürde vorbei.

Danach setze ich den Hund erneut ab, stelle mich seitlich links neben den Ausleger der Hürde und winke den Hund diesmal mit der rechten Hand über die Hürde. Ich nehme also immer die Hand, die sich näher beim Hund befindet. Ist der Hund rechts von mir, nehme ich die rechte Hand, ist der Hund links von mir, nehme ich die linke Hand.

Falls der Hund während des Übens selbstständig aufsteht und hinter mir herkommt, ohne dass ich gewunken habe, breche ich ab, bringe ihn zurück an seinen ursprünglichen Platz und versuche es erneut.

Ein hörender Hund, der im Agility zum „Frühstart“ neigt, ist anstrengend,

*Beim Sprung über die Hürde wird der Hund zunächst vor der Hürde abgesetzt (a), dann animiert man ihn mit einer Winkbewegung zum Springen (b) und bestätigt ihn danach sofort (c).*

aber man kann ihn mit Worten noch versuchen zu korrigieren! Ein tauber Hund mit „Frühstartproblemen" ist nicht mehr kontrollierbar. Darum sollte man bereits im Training darauf achten und ihn konsequent immer wieder zurücksetzen.

## Elemente aus dem Obedience

Wie schon eingangs erwähnt, darf man mit einem tauben Hund nicht an einer Obedience-Prüfung teilnehmen. Viele Elemente aus dem Obedience sind aber wunderbar dafür geeignet, seinen tauben Hund zu fordern und zu fördern, wie zum Beispiel das Schicken zu einem Pylon.

Für diese Übung stelle ich einen Pylon in etwa 2 Meter Entfernung vor meinem sitzenden Hund auf. Dann gehe ich zurück zum Hund und stelle mich rechts neben ihn in die sogenannte Grundstellung. Nun nehme ich ein Leckerli in die linke Hand und gehe mit dem Hund zum Pylon und locke ihn dabei mit dem Leckerli. Dann lege ich das Leckerli auf den Boden dicht neben den Pylon und der Hund darf es fressen.

Dies wiederhole ich etwa acht- bis zehnmal hintereinander, bevor ich dann versuche, den Hund allein zum Pylon zu schicken.

*Das Schicken zu einem Pylon ist eine der Übungen aus dem Obedience.*

Nun setze ich den Hund wieder etwa 2 Meter vom Pylon entfernt ab und lege ein Leckerli auf den Boden dicht an den Pylon. Danach gehe ich zum Hund zurück, stelle mich rechts von ihm in die Grundstellung und warte, bis er mich anschaut. Vorher passiert nichts!

Schaut er mich an, zeige ich mit dem rechten Arm in Richtung Pylon und mache selbst einen aufmunternden, halben Schritt nach vorne. Wenn sich der Hund Richtung Pylon in Bewegung setzt, gehe ich langsam hinterher und werfe ihm nochmals ein Leckerli neben den Pylon. Auch dies wiederhole ich mehrmals.

Danach setze ich den Hund ab, gehe zum Pylon und stelle ihn nochmals 2 Meter weiter entfernt vom Hund auf. Ich vergrößere also die Distanz zum Objekt. Ich gehe wieder zurück zum Hund und wenn er brav gewartet hat, bekommt er zwischendurch gern

ein Leckerli. Dann schicke ich ihn erneut mit der rechten Hand und einer Vorwärtsbewegung allein zum Pylon. Dreht er sich auf halber Strecke fragend nach mir um, ermuntere ich ihn, indem ich nochmals einen Schritt vorwärts gehe und wieder mit dem Arm in Richtung Pylon zeige.
Wenn er am Pylon angekommen ist, warte ich ab, bis er kurz nach mir schaut, und das wird er auch, denn es lag ja jetzt kein Leckerli am Pylon. Dann werfe ich ihm sofort das Leckerli oder sein Spielzeug zu.
Auch bei dieser Übung achte ich darauf, dass der Hund dort sitzen bleibt, wo ich ihn abgesetzt habe, und bringe ihn, falls er selbstständig aufgestanden ist, an den Platz zurück, wo er zuvor saß. Nur so erreiche ich, dass mein Hund lernt ruhig abzuwarten, was als Nächstes passiert.

## Elemente aus der Rettungshundearbeit

Vermutlich wird kaum jemand mit einem tauben Hund die zeit- und kostenaufwendige Ausbildung zum Rettungshund auf sich nehmen wollen. Dennoch kann auch ein tauber Hund grundsätzlich alle diese Aufgaben bewerkstelligen. Hierzu gehört auch das Laufen oder Balancieren über bestimmte Hindernisse wie zum Beispiel eine Leiter oder ein Brett. Das sollte man auch ruhig mit einem tauben Hund üben, da es vor allem die Körperbeherrschung, die Koordination und die Konzentration fördert.
Hierzu benötige ich ein Brett mit etwa 30 cm Breite und 2 Meter Länge, das auf zwei alte ausgediente Autoreifen gelegt wird. Zu Beginn nehme ich den Hund hierfür an eine 1-Meter-Leine, die ich in der linken Hand halte, um ihn ein wenig in seinem Radius einzugrenzen. Ich nehme ein Leckerli in die rechte Hand und locke ihn mit dem Leckerli auf das Brett.
Sobald er eine Vorderpfote anhebt, um sie auf das Brett zu setzen, bekommt er bereits das Leckerli. Hebt er die nächste Vorderpfote, bekommt er das nächste Leckerli. Versucht er nun nach hinten oder seitlich auszuweichen, halte ich die Leine gespannt. Ich ziehe ihn aber nicht nach vorne in Richtung Brett, sondern halte ihn nur in der Position fest, in der er sich momentan befindet. Wenn er sich entspannt und sich die Leine lockert, bekommt er ein weiteres Leckerli auf das Brett gelegt.
Hebt er einen Hinterfuß an und versucht, diesen auf das Brett zu stellen, gibt es beim Anheben der Pfote bereits das Leckerli. Hat er alle vier Pfoten auf dem Brett, warte ich kurz ab, bevor ich ihn auf dem Brett weiterlocke. Er darf sich umschauen und das Brett beschnüffeln. Außerdem lege ich nochmals ein Leckerli auf das Brett. Dann locke ich ihn weiter, indem ich in kleinen Abständen Leckerlis auf dem Brett verteile und aufmunternd mit dem Finger darauf zeige.
Verlässt er dabei irgendwann selbstständig das Brett, beginne ich noch einmal von vorne, also am Anfang des Bretts. Fängt der Hund an, auf dem Brett zu zittern, und kann kein Leckerli mehr fressen, hat er definitiv Stress. Dann versuche

*Auch das Klettern über eine A-Wand fördert die Koordination und Körperbeherrschung.*

ich, ihn mit beiden Händen zu halten und warte, bis er sich entspannt, nicht mehr zittert und ruhig stehen kann. Nun lasse ich ihn vorsichtig los, biete ihm noch einmal ein Leckerli an und locke ihn dann seitlich vom Brett herunter. Für heute belasse ich die Übung so und arbeite morgen nach einer „Denkpause" weiter daran.

Nach ein paar Wiederholungen sollte das Darüber-Laufen keine Schwierigkeit mehr darstellen und nun kann ich auch ein „Sitz"- oder „Platz"-Sichtzeichen mit einbauen. Bereitet auch dies keine Probleme und befolgt der Hund die Sichtzeichen ohne Schwierigkeit, kann ich dazu übergehen, das Brett gegen eine Holzleiter, die ebenfalls auf die Autoreifen gelegt wird, auszutauschen. Hierzu nehme ich den Hund wieder an eine 1-Meter-Leine, die ich in der linken Hand halte, und ein Leckerli in die rechte Hand und locke ihn wie bei der Übung mit dem Brett. Nun geht es darum, dass der Hund die Pfoten auf die einzelnen Holzelemente der Leiter setzt und nicht auf den Boden dazwischen. Auch hier bestätige ich schon den vorsichtigen Versuch des Hundes, mit den Pfoten Halt auf den Elementen zu finden. Tritt er zwischen die Holzelemente, führe ich ihn seitlich mit der Leine aus der Leiter heraus und beginne noch einmal am Anfang der Leiter.

Je nach Veranlagung des Hundes kann es einige Zeit dauern, bis er verstanden hat, was ich von ihm möchte, aber mit Ruhe, Geduld und richtigem Bestätigen ist das eine sehr gute Übung, um das Gleichgewicht und die Koordination zu verbessern.

# Dogdance

Das Dogdance hat sich aus Elementen von anderen Hundesportarten entwickelt. Ziel ist eine harmonische Kür des Mensch-Hund-Teams mit rhythmischen Bewegungen zu einer ausgewählten Musik. Taube Hunde hören natürlich die Musik nicht, aber dennoch kann man sehr viele Elemente aus dem Dogdance bei ihnen anwenden – eben als Beschäftigungstherapie. Und man könnte mit ihnen sogar eine ganze Kür einüben, da sich die Hunde vor allem an der Körpersprache und den Signalen ihrer Menschen orientieren und nicht an der Musik.

Was häufig vorkommt und gezeigt wird, ist das Rückwärts-Schicken bzw. Rückwärts-Laufen des Hundes. Das Antrainieren wird im Folgenden beschrieben.

Am schnellsten versteht der Hund, was ich von ihm möchte, wenn ich ihn im Wohnzimmer zwischen Couch und Couchtisch locke und dabei vor ihm stehe. So habe ich einen visuellen, schmalen Gang geschaffen. Der Hund kann seitlich nicht ausweichen und er lernt von Anfang an, gerade rückwärts zu gehen.

Nun gehe ich einen vorsichtigen Schritt auf ihn zu und mache mit meiner rechten Hand ein Sichtzeichen für das Rückwärtsgehen, wie man es automatisch macht, wenn man selbst ohne Worte jemanden zurückschicken möchte. Ich mache nur deshalb einen vorsichtigen Schritt, weil ich den Hund ja nicht bedrängen möchte, sondern er soll die Übung positiv verknüpfen.

Bewegt er sich ein kleines bisschen rückwärts, bestätige ich mit einem Leckerli, dabei muss ich schnell sein, denn oft passiert es, dass sich der Hund hinsetzt. Und wenn ich ihm nun das Leckerli geben würde, hätte er es nicht für das Zurückgehen bekommen, sondern für seine letzte Handlung, nämlich das Sitzen!

Hat er sich doch gesetzt, locke ich ihn ein wenig vorwärts in meine Richtung, sodass er aufsteht. Dann gehe ich erneut einen vorsichtigen Schritt auf ihn zu und gebe dabei das Sichtzeichen für Rückwärtsgehen. Weicht er nur ein kleines Stück nach hinten aus, bestätige ich ihn sofort mit einem Leckerli. Nun versuche ich stehen zu bleiben oder deute nur vorsichtig an, dass ich auf ihn zukomme, indem ich meinen Körper anspanne, und gebe das Sichtzeichen zum Rückwärtslaufen. Geht der Hund zwei bis drei Schritte zurück, werfe ich ihm das Leckerli entgegen.

*Hier sieht man das deutliche Handzeichen für das Rückwärtsschicken – eine häufige Übung aus dem Dogdance.*

Nun versuche ich es ohne den engen Gang zwischen Couch und Couchtisch, indem ich den Hund vor mich locke und dann mit dem Rückwärts-Sichtzeichen von mir wegschicke. Dabei kann ich überprüfen, ob der Hund sich gerade ausrichtet oder seitlich wegbewegt. Passiert dies, übe ich noch ein paar Tage mithilfe von Couch und Tisch, damit ich ihn für ein gerades Zurückgehen bestätigen kann.

Dieses Element ist beim Dogdance schön anzusehen, wenn man das Rückwärtslaufen des Hundes mit seinem eigenem Rückwärtslaufen kombiniert und man so die Distanz zwischen sich und dem Hund vergrößern kann.

## Ein tauber Hund als Reitbegleiter

Grundsätzlich spricht nichts dagegen, einen tauben Hund am Pferd mitzunehmen, außer die Tatsache, dass ich ihm eben keine Kommandos zurufen kann. Da ich zu Beginn allerdings auch hier mit der Schleppleine arbeite, empfiehlt es sich, das Pferd zunächst an die Leine zu gewöhnen, da es als Fluchttier Angst vor diesem schlangenartigen Gebilde haben könnte.

*Auch neben dem Pferd ist es wichtig, dass der Hund immer wieder den Blickkontakt sucht.*

Wenn ich mich das erste Mal auf das Pferd setze, benötige ich eine Hilfsperson, die den Hund an der Leine hält. So kann ich sehen, wie der Hund reagiert, denn manche Hunde versuchen am Pferd hochzuspringen, was sicher für die meisten Pferde nicht sehr angenehm sein dürfte!
Regt sich der Hund auf und bellt, wenn ich mich auf das Pferd setze, gehe ich selbst erst einige Male mit Hund (kontrolliert an der Leine) und Pferd (am Halfter geführt) spazieren, damit beide die Möglichkeit bekommen sich kennenzulernen. Erst dann nehme ich die Hilfsperson, die den Hund an der Leine hält, dazu und setze mich auf das Pferd.
Nun werfe ich dem Hund immer wieder, wenn er zu mir hochschaut, ein Leckerli entgegen, damit er lernt, dass es sich auch hier lohnt, wenn er nach mir schaut. Dann gehe ich dazu über, dem Hund an der Schleppleine die Sichtzeichen für „Sitz“ bzw. „Platz“ vom Pferd aus zu geben, und werfe ihm das Leckerli für korrektes Ausführen zu. Auch hier ist es wichtig, dass ich dem Hund das Auflösungszeichen gebe wie eingangs beschrieben, wenn er wieder aufstehen darf. Ansonsten schleicht es sich vielleicht beim Reiten ein, dass er selbst das Kommando auflöst.
Wir setzen uns nun also gemeinsam nebeneinander in Bewegung: die Hilfsperson mit dem Hund an der Leine auf ihrer linken Seite, damit ein „Puffer“ dazwischen ist, und ich auf dem Pferd rechts davon. Läuft der Hund ruhig nebenher, werfe ich ihm ab und zu ein Leckerli zu und übernehme nach einiger Zeit dann selbst die Leine in die Hand, wenn Hund und auch Pferd sich entspannt haben. Ich arbeite erst ohne Hilfe der Schleppleine, wenn der Hund das „Sitz“ bzw. „Platz“ auf mein Sichtzeichen sicher ausführt. Nun übe ich das „Dableiben“ links und rechts vom Pferd. Dies sollte aber bereits ohne Leine geschehen, sodass ich den Hund beim Reiten auf beide Seiten lenken kann. Das hat den Vorteil, dass ich – falls Fahrradfahrer, Autos oder auch Fußgänger kommen – den Hund so positionieren kann, dass ich mit dem Pferd als „Puffer“ dazwischen bin. Mir ist übrigens aufgefallen, dass der Hund durch meine erhöhte Position auf dem Pferd fast noch aufmerksamer ist als sonst.

## Was mit einem tauben Hund nicht geht

Als ich mir überlegt habe, was man mit einem tauben Hund nicht machen kann bzw. was sehr schwierig sein könnte, um es aufzubauen, sind mir grundsätzlich zwei Sparten eingefallen, die ich gerne nennen möchte.

### Verwendung als Hütehund

Natürlich hat ein tauber Hund auch den Hütetrieb, wenn er ihm rassebedingt sozusagen angeboren ist. Aber eine kontrollierte Hütearbeit mit einem tauben Hund ist nicht möglich. Denn der taube Hund kann entweder Vieh hüten oder nach mir schauen! Beides geht nicht, da er ja die zu hütenden Tiere ständig im

*Natürlich ist einem Hütehund der Hütetrieb angeboren, aber kontrollierte Hütearbeit ist mit tauben Hunden nicht möglich.*

Blick haben muss. Somit kann er nicht die notwendigen Kommandos von mir wahrnehmen.
Da der Hund ständig das Vieh im Auge behalten muss, wird deshalb bei der Hütearbeit sehr viel mit verschiedenen Pfiffen und Stimmkommandos vom Menschen aus gearbeitet, um dem Hund zu vermitteln, was er zu tun hat und wohin er das Vieh treiben soll. Und da gibt es viele feine Nuancen, die manchmal sogar von uns Menschen kaum zu unterscheiden sind. Somit ist es schier unmöglich, dass ein tauber Hund diese Arbeit kontrolliert leisten kann.

## Verwendung als Jagdhund

Auch bei der Arbeit als Jagdhund spielen akustische Signale eine wichtige Rolle. Sicherlich könnte ein tauber Hund eine Schweißfährte an der Leine ausarbeiten. Aber beim Stöbern oder Apportieren ist es wichtig, dass ein Hund mit entsprechenden Kommandos auch gesteuert werden kann.
Außerdem spielen für ihn neben den Gerüchen auch akustische Reize eine große Rolle bei der Orientierung und Ausübung der Jagd. Durch Geräusche hört der Hund, wo sich sein Jäger aufhält, ob ein Schuss gefallen ist, wo sich seine Artgenossen zum Beispiel bei der Treibjagd aufhalten oder ob plötzlich hinter ihm ein Wildschwein aus dem Unterholz kommt.
Somit kann man sagen, ein tauber Jagdhund ist nicht für den jagdlichen Einsatz geeignet.

# Schlusswort

Hiermit möchte ich Merlin danken, der mich zum Umdenken und Nachdenken bewegt hat! Er hat mich dazu gebracht, die Welt aus Sicht des Hundes zu „sehen", und mich gelehrt, sich in den Hund reinzuversetzen und nicht immer gleich zu denken „Der kapiert das nicht!", sondern zu hinterfragen, warum er es nicht kapiert.
Als ich ihn vor sieben Jahren aus dem Tierheim übernahm, war nicht klar, wie das im Alltagsleben aussehen wird, ob er vielleicht sein ganzes Leben an der Leine bleiben muss, ob wir meinem Hobby Agility zusammen nachgehen können und wie das mit einer Begleithundprüfung gehen kann.
Er hat mich in die stille Welt entführt und das Kommunizieren ohne Worte gelehrt. Es fasziniert mich bis heute! Wir haben es miteinander geschafft, egal in welch schwieriger Situation, wie durch ein unsichtbares Band miteinander verbunden zu sein. Ich durfte mein Wissen und auch mein Wesen durch seine Erziehung und das Zusammenleben unglaublich weiterentwickeln. Danke!

Wir haben bisher so viel miteinander erlebt, er ist mein „Verlasshund" im Alltag. Er läuft mit den genannten Ausnahmen ohne Leine, beim Agility haben wir es zusammen in die höchste Klasse A3 geschafft, er ist immer, zu jeder Tages- und Nachtzeit, für alles zu begeistern – Hauptsache, er kann irgendetwas für mich oder mit mir tun. Er kann aber auch mit ganz wenig zufrieden sein, wenn die Zeit knapp ist. Mein absoluter Traumhund!

Seit Juli 2010 lebt nun eine ebenfalls taube Border-Collie-Hündin mit dem Namen Cloud bei uns. Es war eine ganz bewusste Entscheidung, wieder irgendwann einem tauben Hund ein Zuhause zu geben. Wir haben nicht gezielt gesucht, irgendwie war es Schicksal!
Dann gibt es noch die Terrier-Hündin Sky, bei der ich überzeugt bin, sie hat eine besondere Art der Taubheit – die sogenannte Ab-und-zu-Taubheit!
Und schließlich gehört dazu noch die Border-Collie-Sheltie-Mischlingshündin Sun, die wir im Alter von sechs Monaten aus dem Tierheim übernommen haben. Sie ist eher das Sensibelchen unseres Rudels.
An dieser Stelle sei gesagt, dass ich alle unserer Hunde sehr liebe und sicher zu jedem eine recht gute Bindung aufgebaut habe. Allerdings gibt es bei beiden tauben Hunden eben noch eine andere, höhere Beziehungsebene: Man schaut sich an und versteht sich ohne Worte.

Abschließend möchte ich anmerken, dass ich der Meinung bin, dass die meisten Schwierigkeiten zwischen Hund und Mensch aufgrund von Kommunikationsproblemen entstehen. Dies hat mir auch meine langjährige Praxiserfahrung mit den sogenannten Kampfhunden und „Problemhunden" bestätigt. Weniger sprechen, sich dafür klar und verständlich ausdrücken, ist manchmal mehr!
Mit diesem Buch möchte ich zum Nachdenken, Umdenken und Überdenken des eigenen Handelns anregen. Ich hoffe, es ist mir gelungen.

*Das Hunderudel der Autorin: Merlin (a), Cloud (b), Sky (c) und Sun (d).*

**Kontaktadresse der Autorin:**
Michaela Göbel
Mobile Tierheilpraxis
Stiegelgasse 7
D-72574 Bad Urach
Telefon: 07125/309335
www.tierische-naturheilkunde.de
E-Mail: info@tierische-naturheilkunde.de

# Zum Weiterlesen

Baumgart, Liesel und Hand, Marlies: **Bach-Blüten für Tiere.** Oertel+Spörer, 2009.
Boulanger, Robert und Trautmann Zenoni, Gabriella: **Mantrailing.** Teamarbeit mit Nase und Verstand. Oertel+Spörer, 2013.
Ferber, Renate: **Hundeleckerli selbst backen.** Oertel+Spörer, 2011.
Geng, Ulrike: **Hundeerziehung im Alltag.** Oertel+Spörer, 2008.
Hand, Marlies und Baumgart, Liesel: **Schüßler-Salze für Hunde.** Oertel+Spörer, 2009.
Hartmann, Michael: **Patient Hund.** Oertel+Spörer, 2010.
Jansen, Karin: **Rassespezifisches Territorialverhalten bei Hunden.** Richtiges Verständnis und Erziehung. Oertel+Spörer, 2013.
Knötzele, Peter: **Der Hund ist des Thrones wert.** Die Kulturgeschichte des Hundes. Oertel+Spörer, 2011.
Koller, Raphaela: **BARF-Rezepte.** Oertel+Spörer, 2013.
Rauth-Widmann, Brigitte: **Welpen – Mit dem Hund durchs erste Jahr.** Oertel+Spörer, 2010.
Reichenbach, Uta: **Wie Hunde kommunizieren.** Hundesprache richtig verstehen. Oertel+Spörer, 2011.
Reichenbach, Uta und Lehari, Gabriele: **Der zuverlässige Begleithund.** Oertel+Spörer, 2009.
Reisert, Christiane: **Wo drückt die Pfote?** Wenn Hunde krank sind. Oertel+Spörer, 2011.
Schuhmeir, Wieland: **Problem Hund?** Verhaltensprobleme erkennen – lösen – vorbeugen. Oertel+Spörer, 2011.
Sinner, Tanja und Lehari, Gabriele: **Obedience.** Oertel+Spörer, 2010.
Tschischke, Cornelia: **Homöopathie für eine gesunde Hundeseele.** Oertel+Spörer, 2011.
Verma, Vinod: **Ayurveda für Hunde.** Oertel+Spörer, 2012.
Werner, Tina: **Wellness für Hunde.** Massage und Physiotherapie für jeden Tag. Oertel+Spörer, 2010.

Uta Reichenbach

**Wie Hunde kommunizieren**

Hundesprache richtig verstehen

€ 14,95 (D)
ISBN 978-3-88627-829-9

Renate Ferber

**Hundeleckerli selbst backen**

- Für Spiel und Spaß
- Für die Ausbildung
- Zum Verschenken

€ 7,95 (D)
ISBN 978-3-88627-836-7

**Oertel+Spörer – Der Spezialist für Kleintierbücher**

www.oertel-spoerer.de